ISW Forschung und Praxis

Berichte aus dem Institut für Steuerungstechnik
der Werkzeugmaschinen und Fertigungseinrichtungen
der Universität Stuttgart

Herausgeber: Prof. Dr.-Ing. G. Pritschow

Band 68

Bernd Walker

Konfigurierbarer Funktionsblock Geometriedatenverarbeitung für numerische Steuerungen

Springer-Verlag
Berlin Heidelberg New York Tokyo 1987

D 93

Mit 42 Abbildungen

ISBN-13: 978-3-540-18323-5   e-ISBN-13: 978-3-642-83217-8
DOI: 10.1007/ 978-3-642-83217-8

Geleitwort des Herausgebers

In der Reihe „ISW Forschung und Praxis" wird fortlaufend über Forschungs-
ergebnisse des Instituts für Steuerungstechnik der Werkzeugmaschinen und
Fertigungseinrichtungen der Universität Stuttgart (ISW) berichtet, das sich in
vielfältiger Form mit der Weiterentwicklung des Systems Werkzeugmaschine
und anderer Fertigungseinrichtungen beschäftigt. Die Arbeiten dieses Instituts
konzentrieren sich im besonderen auf die Bereiche Numerische Steuerungen,
Prozeßrechnereinsatz in der Fertigung, Industrierobotertechnik sowie Meß-,
Regel- und Antriebssysteme, also auf die aktuellsten Bereiche der Fertigungstechnik. Dabei stehen Grundlagenforschung und anwenderorientierte
Entwicklung in einem stetigen Austausch, wodurch ein ständiger Technologie-
transfer zur Praxis sichergestellt wird.

Die Buchreihe erscheint in zwangloser Folge und stützt sich auf Berichte über
abgeschlossene Forschungsarbeiten und Dissertationen. Sie soll dem Inge-
nieur bei der Weiterbildung dienen und ihm Hilfestellungen zur Lösung spezifi-
scher Probleme geben. Für den Studierenden bietet sie eine Möglichkeit zur
Wissensvertiefung. Sie bleibt damit unter erweitertem Namen und neuer Her-
ausgeberschaft unverändert in der bewährten Konzeption, die ihr der Gründer
des ISW, der leider allzu früh verstorbene Prof. Dr.-Ing. G. Stute, im Jahre 1972
gegeben hat.

Der Herausgeber dankt der Druckerei für die drucktechnische Betreuung und
dem Springer Verlag für Aufnahme der Reihe in sein Lieferprogramm.

G. Pritschow

<u>**Vorwort**</u>

Die vorliegende Arbeit entstand während meiner Tätigkeit als wissenschaftlicher Mitarbeiter am Institut für Steuerungstechnik der Werkzeugmaschinen und Fertigungseinrichtungen der Universität Stuttgart.

Herrn Prof. Dr.-Ing. G. Pritschow gilt mein besonderer Dank für seine wohlwollende Unterstützung und seine Anregungen, die zum Gelingen der Arbeit wesentlich beitragen haben. Herrn Prof. Dr.-Ing. A. Storr danke ich für die eingehende Durchsicht der Arbeit und für die sich daraus ergebenden wertvollen Hinweise.

Mein besonderer Dank gilt auch dem verstorbenen Herrn Prof. DTech. h.c. Dipl.-Ing. K. Tuffentsammer, der trotz schwerer Erkrankung den Mitbericht für diese Arbeit angefertigt hat. Herrn Prof. Dr.-Ing. H.-J. Warnecke danke ich für seine Bereitschaft, die mündliche Prüfung als Mitberichter abzunehmen.

Weiterhin gilt mein Dank allen Mitarbeiterinnen und Mitarbeitern des Institutes, die mich durch kritische Hinweise und Diskussionen beim Anfertigen dieser Arbeit unterstützt haben. Insbesondere danke ich den Herren Dipl.-Ing. J. Gaukler und Dipl.-Ing. W.T. Lei sowie Herrn Dr.-Ing. H. Frank.

Bernd Walker

Inhaltsverzeichnis

Seite

Abkürzungen und Begriffe   10

Formelzeichen   11

1   Einleitung   13

2   Einordnung und Pflichtenheft eines Funktions-
           blocks Geometriedatenverarbeitung   16

2.1   Definition eines Funktionsblocks Geometrie-
           datenverarbeitung   16

2.1.1   Gliederung einer NC in Funktionsblöcke   16

2.1.2   Schnittstellen zu anderen Funktionsblöcken   18

2.1.3   Hardwarevoraussetzungen   19

2.2   Pflichtenheft eines Funktionsblocks Geometrie-
           datenverarbeitung   22

2.2.1   Steuerungsarten   23

2.2 2   Grundfunktionen zur Bahnerzeugung   24

2.2.3   Korrekturfunktionen   26

2.2.4   Überwachungsfunktionen   27

2.2.5   Zusatzfunktionen   28

2.2.6   Konfigurierbarkeit   29

2.3   Stand der Geometriedatenverarbeitung in NC   31

3   Softwarestruktur eines Funktionsblocks   33

3.1   Funktionsprogrammebenen und -module   33

3.1.1   Vorgaben nach dem Entwurf zu DIN 66264 Teil 2   33

3.1.2   Modularer Aufbau von Einzelfunktionen   38

3.1.3   Aufgabenbezogene Einordnung von Einzelfunk-
           tionen in Ebenen   41

3.2   Programmtechnische Realisierung   45

3.2.1   Aufruf von Funktionsprogrammen   45

3.2.2   Zustandsgraphen als Methode der Programmierung   46

		Sei
4	<u>Einzelfunktionen und Algorithmen zur Bahnerzeugung</u>	49
4.1	Aufgabenverteilung bei den Grundfunktionen	49
4.2	Algorithmen zur Sollwertbeeinflussung	53
4.2.1	Bildung des Geschwindigkeitsverlaufs	53
4.2.2	Ermittlung des Bremszeitpunktes	57
4.2.3	Restwegstrategie am NC-Satz-Ende	58
4.3	Algorithmen zur Sollwerterzeugung	59
4.3.1	Geradeninterpolation	60
4.3.2	Kreisinterpolation	61
4.4	Koordinierung der Einzelfunktionen zur Bahnerzeu-gung	66
5	<u>Entwurf eines Funktionsblocks Geometrie-datenverarbeitung</u>	73
5.1	Funktionsumfang einer Grundversion	73
5.2	Bildung Beauftragbarer Funktionen	75
5.2.1	Beauftragbare Funktionen zur Achsbewegung	76
5.2.2	Beauftragbare Funktionen für Verwaltungs-aufgaben	79
5.3	Bildung von Einzelfunktionen	80
5.3.1	Einzelfunktionen der Beauftragbaren Funktion Achsenverwaltung	80
5.3.2	Einzelfunktionen der Beauftragbaren Funktion Maschinendatensatz	81
5.3.3	Einzelfunktionen der Beauftragbaren Funktion Diagnose	83
5.3.4	Einzelfunktionen der Beauftragbaren Funktion Streckenachse	83
5.3.5	Einzelfunktionen der Beauftragbaren Funktion Bahnachsen	84
5.3.6	Einzelfunktionen des Funktionsblocks Geometrie-datenverarbeitung	85

Seite

6	Schnittstellen eines Funktionsblocks Geometrie-datenverarbeitung	87
6.1	Betrachtete Schnittstellen	87
6.2	Ein-/Ausgabeschnittstellen von Beauftragbaren Funktionen	90
6.2.1	Schnittstelle der Beauftragbaren Funktionen zur Achsbewegung	95
6.2.2	Schnittstelle der Beauftragbaren Funktion Achsenverwaltung	103
6.3	Interne Schnittstellen der Beauftragbaren Funktionen zur Achsbewegung	103
7	Realisierung eines Funktionsblocks Geometrieda-tenverarbeitung	112
7.1	Konfigurierung des Funktionsblocks	112
7.1.1	Funktionsauswahl	113
7.1.2	Funktionsanpassung	113
7.2	Kenngrößen des Funktionsblocks	117
8	Zusammenfassung	119
	Schrifttum	120

Abkürzungen und Begriffe

BF	Beauftragbare Funktion
BI	Binärformat
BL	Bitleiste
BSEA	Bedien- und Steuerdatenein-/ausgabe
C	Programmiersprache
EF	Einzelfunktion
FB	Funktionsblock
FELD	Datenblocktyp
FIFO	Datenblocktyp (Ringspeicher, First-In-First-Out)
GEO	Geometriedatenverarbeitung
LI	Long Integer (Festkomma-Format)
LBS	Lokalbus-Schnittstelle
LR	Long Real (Gleitkomma-Format)
LSB	Least Significant Bit (Niederwertigste Stelle)
MPST	Mehrprozessor-Steuersystem
MSB	Most Significant Bit (Höchstwertige Stelle)
NC	Numerische Steuerung (Numerical Control)
NCVA	NC-Datenverwaltung und -aufbereitung
PASCAL	Programmiersprache
SATZ	Datenblocktyp
SB	Steuerblock
SBS	Systembus-Schnittstelle
SI	Short Integer (Festkomma-Format)
SPS	Speicherprogrammierbare Steuerung
SR	Short Real (Gleitkomma-Format)
STRING	Datenblocktyp
TECHNO	Technologiedatenverarbeitung
TF	Teilfunktion
WI	Word Integer (Festkomma-Format)
WORT	Datenblocktyp

Formelzeichen

a_B	Bahnbeschleunigung
a_{B1}	Bahnbeschleunigung 1. Stufe
a_{B2}	Bahnbeschleunigung 2. Stufe
G	Adreßbuchstabe (DIN 66025)
H	Hexadezimal
i,j,k	Zählvariablen
K_G	Konstante für Geradeninterpolation
K_K	Konstante für Kreisinterpolation
M	Adreßbuchstabe (DIN 66025)
m,n	Zählvariable
N	Adreßbuchstabe (DIN 66025)
o_V	Vorschub-Override
P_A	Anfangspunkt einer Bewegung
P_E	Endpunkt einer Bewegung
P_k	Stützpunkt
r	Radius
s	Weg
S_a	Ausgabeschnittstelle
s_B	Bremsweg
s_{BN}	normierter Bremsweg
S_e	Eingabeschnittstelle
S_i	interne Schnittstelle
s_M	Verfahrweg Mitschleppachse
Δs_M	Verfahrweg Mitschleppachse pro Abtastzeitraster
s_{NC}	restlicher bezogener Verfahrweg

s_P	programmierte Bahnlänge
Δs_P	programmierte Bahnlänge pro Abtastzeitraster
s_R	Restweg
s_X	Verfahrweg X-Achse
Δs_X	Verfahrweg X-Achse pro Abtastzeitraster
s_Y	Verfahrweg Y-Achse
Δs_Y	Verfahrweg Y-Achse pro Abtastzeitraster
s_Z	Verfahrweg Z-Achse
Δs_Z	Verfahrweg Z-Achse pro Abtastzeitraster
T	Abtastzeitkonstante
T_B	Bremszeitpunkt
u_i	Referenzimpuls des Wegmeßsystems
u_R	Spannungssignal des Referenznockens
v	Geschwindigkeit allgemein
v_B	aktuelle Bahngeschwindigkeit
v_p	programmierter Vorschub
v_s	Sollvorschub
v_u	Vorschub am Umschaltpunkt für Beschleunigungswerte
$\Delta v_{1,2}$	Geschwindigkeitsschritt
X,Y,Z	Adreßbuchstabe (DIN 66025)
x,y,z	Koordinate
x_A, y_A	Koordinate Anfangspunkt
x_E, y_E	Koordinate Endpunkt
x_k, y_k	Koordinate Stützpunkt
x_M, y_M	Koordinate Kreismittelpunkt
α	Anfangswinkel Interpolation
β	Endwinkel Interpolation
γ	aktueller Interpolationswinkel
δ	Winkelschritt Interpolation
φ	Gesamtwinkel

1 Einleitung

Numerische Steuerungen (NC) werden heute außer in dem klassichen Anwendungsgebiet der metallbearbeitenden Werkzeugmaschinen in zunehmendem Maße in weiteren Bereichen der Fertigungstechnik eingesetzt /1/. Zum Beispiel in der Handhabungstechnik, der Holzbearbeitung und der Textilverarbeitung. Diese Steuerungen unterscheiden sich nicht grundsätzlich, sondern in einzelnen Funktionen und in ihrem Funktionsumfang von denen für Dreh- und Fräsmaschinen. So kann eine im Baukastensystem konzipierte NC kostengünstig und schnell einem neuen Anwendungsgebiet zugeführt werden.

Allgemein ist festzustellen, daß die NC eine dominante Komponente des Produktes Maschine geworden ist, und ganz entscheidend deren Zuverlässigkeit und Produktivität bestimmt /2/. Das verlangt eine bestmögliche Ausrichtung des Funktionsumfangs der NC auf die jeweilige Fertigungseinrichtung. Viele Maschinenhersteller gehen dazu über, Steuerungen ganz oder teilweise selbst zu entwickeln, um sie in hohem Maße auf die zu steuernde Fertigungseinrichtung abstimmen und firmenspezifisches Know-how einbringen zu können.

Die genannten Entwicklungen erfordern die Schaffung eines Baukastensystems zum Aufbau von NC. Für den gerätetechnischen Teil (Hardware) haben sich mit Mikroprozessoren bestückte Kartensysteme bereits durchgesetzt /3/. Die Hardware bildet jedoch nur die Rahmenbedingungen einer NC, der eigentliche Funktionsumfang wird durch die Befehlsfolgen für die Mikroprozessoren festgelegt, also durch die sogenannte Software.

Unter dem Begriff Software versteht man Programme für digitale Rechenanlagen einschließlich aller Dokumente, die im Laufe der Entwicklung dieser Programme erzeugt werden /4/. Zu unterscheiden sind bei einer NC die Systemprogramme, die Funktionsprogramme und die NC-Steuerdaten (<u>Bild 1.1</u>). Geeig-

nete Systemprogramme für eine NC sind vor allem Echtzeit-
Betriebssysteme, welche die Verbindung zur Hardware herstel-
len, und die Funktionsprogramme verwalten. Funktionsprogramme bestimmen in Abhängigkeit vom Hardwareausbau den
Funktionsumfang der NC. NC-Steuerdaten schließlich sind
nach bestimmten Regeln geschriebene Anweisungen, die die

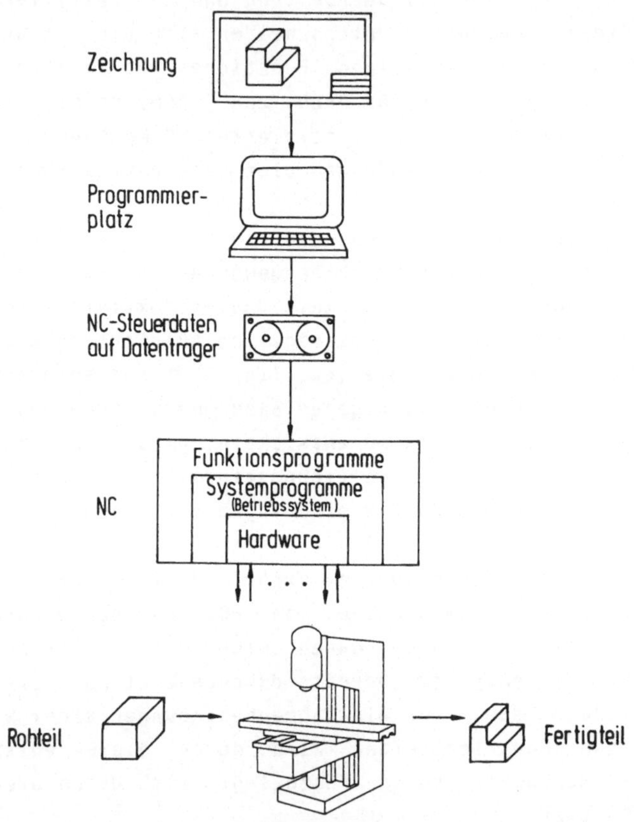

Bild 1.1: Programme und ihre Bedeutung bei NC

Funktionen einer NC aufrufen. NC-Steuerdaten beschreiben
beispielweise die Bearbeitung eines Werkstücks gemäß dem in
DIN 66025 /5/ definierten Sprachumfang.

Nachdem der Schwerpunkt der Entwicklungsarbeit für eine NC bei den Funktionsprogrammen liegt - Steuerungshersteller sprechen von 85 % /6/ - ist analog zum Kartensystem für den gerätetechnischen Aufbau die Schaffung eines Baukastensystems für Funktionsprogramme erforderlich. Erste Schritte diesbezüglich wurden mit den Festlegungen im Entwurf zu DIN 66264 Teil 2 /7/ unternommen. Hier unterscheidet man in vier wesentliche Funktionsblöcke: Bedien- und Steuerdatenein-/ausgabe (BSEA), NC-Datenverwaltung und -aufbereitung (NCVA), Geometriedatenverarbeitung (GEO) sowie Technologiedatenverarbeitung (TECHNO) /8/. Der letztgenannte Funktionsblock wird in der Regel der Speicherprogrammierbaren Steuerung (SPS) zugeordnet, die entweder in die NC einbezogen sein kann oder als eigenständiges Gerät zusätzlich zur NC eingesetzt wird. Neben der Speicherprogrammierbaren Steuerung, die von einer Vielzahl von Herstellern angeboten wird und in den meisten fertigungstechnischen Betrieben zur Standardausrüstung gehört, kommt dem Funktionsblock Geometriedatenverarbeitung in der NC selbst eine besondere Bedeutung zu. Schon mit seinem alleinigen Einsatz können durch einfache Befehlsfolgen Achsen bewegt und zusammen mit einer Speicherprogrammierbaren Steuerung auch aufwendigere Anlagen bedient werden.

Im Rahmen dieser Arbeit ist ein Baukastensystem mit geeigneten Schnittstellen für die Software eines Funktionsblocks Geometriedatenverarbeitung zu entwickeln. Dieses Baukastensystem soll eine kostengünstige und schnelle Erstellung zugeschnittener Funktionsblöcke bei unterschiedlichen Anwendungsgebieten gestatten.

2 Einordnung und Pflichtenheft eines Funktionsblocks Geometriedatenverarbeitung

Die Funktionsprogramme einer NC der mittleren Leistungsklasse haben eine Größenordnung von über 250 kbyte Programmcode erreicht. Eine erste Strukturierung in sogenannte Funktionsblöcke erfolgt nach funktionalen Gesichtspunkten.

2.1 Definition eines Funktionsblocks Geometriedatenverarbeitung

2.1.1 Gliederung einer NC in Funktionsblöcke

Die Funktionsprogramme können nach /7/ entsprechend ihrer Funktion zunächst in vier Funktionsblöcke und eine Systemsteuerung gegliedert werden (Bild 2.1). Der Funktionsblock Bedien- und Steuerdatenein-/ausgabe umfaßt dabei sämtliche für die Kommunikation Mensch-Steuerung erforderlichen Funktionen /9/. Die interne Darstellung von NC-Steuerdaten erfolgt hier in der Regel noch bedienerorientiert, also für den Menschen leicht lesbar, z.B. entsprechend DIN 66025. Bei den maschinennahen Funktionsprogrammen lassen sich die zwei Funktionsblöcke Geometriedatenverarbeitung und Technologiedatenverarbeitung bilden. Ein weiterer Funktionsblock ist die NC-Datenverwaltung und -aufbereitung. Seine Aufgabe ist die Bereitstellung der Informationen für die Funktionsblöcke Geometrie- und Technologiedatenverarbeitung aus der bedienerorientierten Darstellung im Funktionsblock Bedien- und Steuerdatenein-/ausgabe. Dabei erfolgt die Verarbeitung von Programmierhilfen wie Unterprogrammtechnik, Zyklen und Parameterrechnung sowie die Berücksichtigung von Werkzeugkorrekturen /8/. Die Systemsteuerung stellt die höchste hierarchische Ebene dar. Sie initialisiert die Funktionsblöcke und steuert den Ablauf der einzelnen Funktionsprogramme der NC /10/.

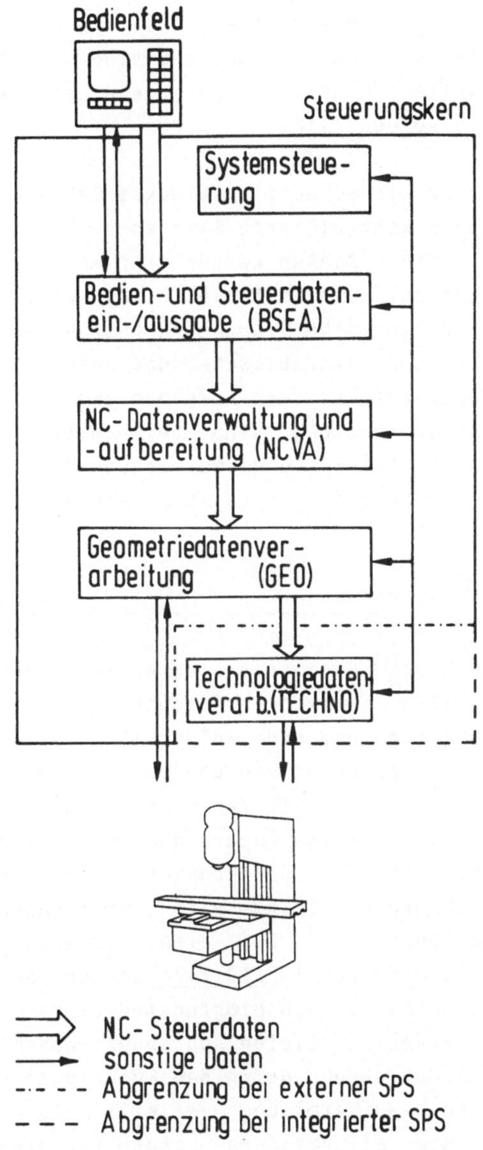

Bild 2.1: Beispiel für die Einteilung der Funktionsprogramme eine
NC in Funktionsblöcke

Die in __Bild 2.1__ dargestellte Aufteilung der Funktionsprogramme entspricht dem Grundausbau einer NC. Sie kann nach Bedarf um weitere Funktionsblöcke, wie beispielsweise Diagnose, ergänzt werden /11/.

Primäre Aufgabe eines Funktionsblockes Geometriedatenverarbeitung ist das kontrollierte Bewegen von einer oder mehreren Achsen. Unter Achsen werden hier mechanische Einrichtungen verstanden, die mittels eines Antriebs translatorische oder rotatorische Bewegungen ausführen. Als Antriebe kommen elektrische, hydraulische oder pneumatische Einrichtungen in Betracht. Weitere Aufgaben eines Funktionsblocks Geometriedatenverarbeitung sind beispielsweise die Durchführung von Korrektur- und Überwachungsfunktionen. In Abschnitt 2.2 werden diese Aufgaben im einzelnen beschrieben.

2.1.2 Schnittstellen zu anderen Funktionsblöcken

Der Funktionsblock Geometriedatenverarbeitung hat Schnittstellen zu allen anderen Funktionsblöcken. Vom Funktionsblock NC-Datenverwaltung und -aufbereitung werden NC-Steuerdaten in Form von NC-Sätzen übergeben. Vom Funktionsblock Bedien- und Steuerdatenein-/ausgabe werden Bedieninformationen wie beispielsweise Änderungen des Vorschub-Overrides zur Verfügung gestellt. Der Funktionsblock Geometriedatenverarbeitung übergibt seinerseits Positionswerte an die übrigen Funktionsblöcke. Bei einer linearen Anordnung für die Funktionsblöcke gemäß __Bild 2.2a__ werden Technologiedaten an den Funktionsblock Technologiedatenverarbeitung durchgereicht. Bei einer parallelen Anordnung nach __Bild 2.2b__ werden die NC-Steuerdaten durch den Funktionsblock NC-Datenverwaltung und -aufbereitung verteilt. Die lineare Anordnung stellt die allgemeinere Lösung für einen Funktionsblock Geometriedatenverarbeitung dar und hat den Vorteil der einfacheren Synchronisation zwischen Geometrie- und Technologiedatenverarbeitung. Sie wird deshalb für die

weiteren Betrachtungen vorausgesetzt. Die Systemsteuerung
schließlich beauftragt den Funktionsblock Geometriedatenverarbeitung entsprechend den angewählten Betriebsarten durch
den Bediener der NC.

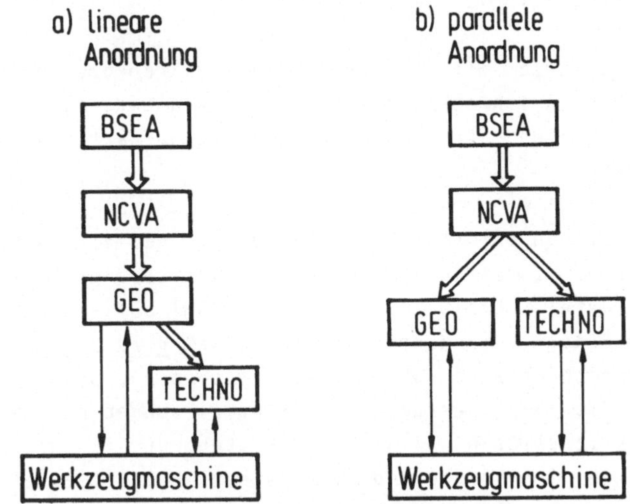

Bild 2.2: Anordnung der maschinennahen Funktionsblöcke hinsichtlich der Verteilung von NC-Steuerdaten

2.1.3 Hardwarevoraussetzungen

Die Geometriedatenverarbeitung ist in der Regel aufgrund
der hohen Zeitanforderungen im Millisekundenbereich bei der
Regelung der Achsantriebe /12/ der Funktionsblock mit den
höchsten Echtzeitanforderungen in einer NC. Die Mikroprozessoren der ersten Generationen waren nicht in der Lage,
die notwendigen Berechnungen in der geringen zur Verfügung
stehenden Zeit durchzuführen. Es wurden spezielle rekursive
Rechenverfahren entwickelt und Teile der Aufgaben in Hardware gelöst /13, 14/. Moderne Mikroprozessoren, die mit
interner 16 oder 32 bit-Verarbeitung und zusätzlichem Arithmetikprozessor ausgerüstet sind, erlauben die Realisierung

aller Funktionen in Software ohne spezielle schaltungstechnische Unterstützung. Unter dieser Voraussetzung benötigt die Geometriedatenverarbeitung folgende Hardwarekomponenten (Bild 2.3 zeigt dazu vier ausgewählte Varianten für die Hardwarekonfiguration):

- Mikrorechnerkarte mit 16 oder 32 bit-Mikroprozessor und zusätzlichem Arithmetikprozessor. Je nach bedienter Achsenanzahl können auch mehrere Mikrorechnerkarten eingesetzt werden.

- Aus Realisierungen läßt sich ableiten, daß eine Mikrorechnerkarte mindestens 48 kbyte Festwertspeicher (EPROM) und 32 kbyte Schreib-/Lesespeicher (RAM) aufweisen muß. Für den Einsatz in Kartensystemen gemäß Bild 2.3a,b muß die Mikrorechnerkarte über eine entsprechende Systembus-Schnittstelle SBS verfügen. Für Einzellösungen ohne weitere Funktionsblöcke (z.B. bei der Steuerung von Handhabungsgeräten in Verbindung mit einer NC) ist eine serielle Schnittstelle zur Übermittlung von Aufträgen, NC-Steuerdaten, Positionswerten usw. erforderlich (Bild 2.3c,d).

- Zur Anschaltung einer Achse ist eine Achsenschnittstelle notwendig. Für eine Achse wird bei analoger Ansteuerung des Antriebsverstärkers ein Digital-/Analogwandler mit 12 oder 16 bit Auflösung je nach Anforderung benötigt. Die Erfassung der Impulse des Wegmeßsystems erfolgt über eine Zählschaltung, die in der Regel als integrierter Baustein ausgeführt ist. Zusätzlich muß der Referenzimpuls des Wegmeßsystems schaltungstechnisch erfaßt werden. Bei digitaler Ansteuerung von Antriebsverstärkern entfällt der genannte Digital-/Analogwandler, statt dessen ist eine parallele oder serielle Datenschnittstelle vorzusehen. Bei der Anschaltung von Schrittmotoren kann die Rückführung der Meßsystemimpulse ggfs. entfallen.

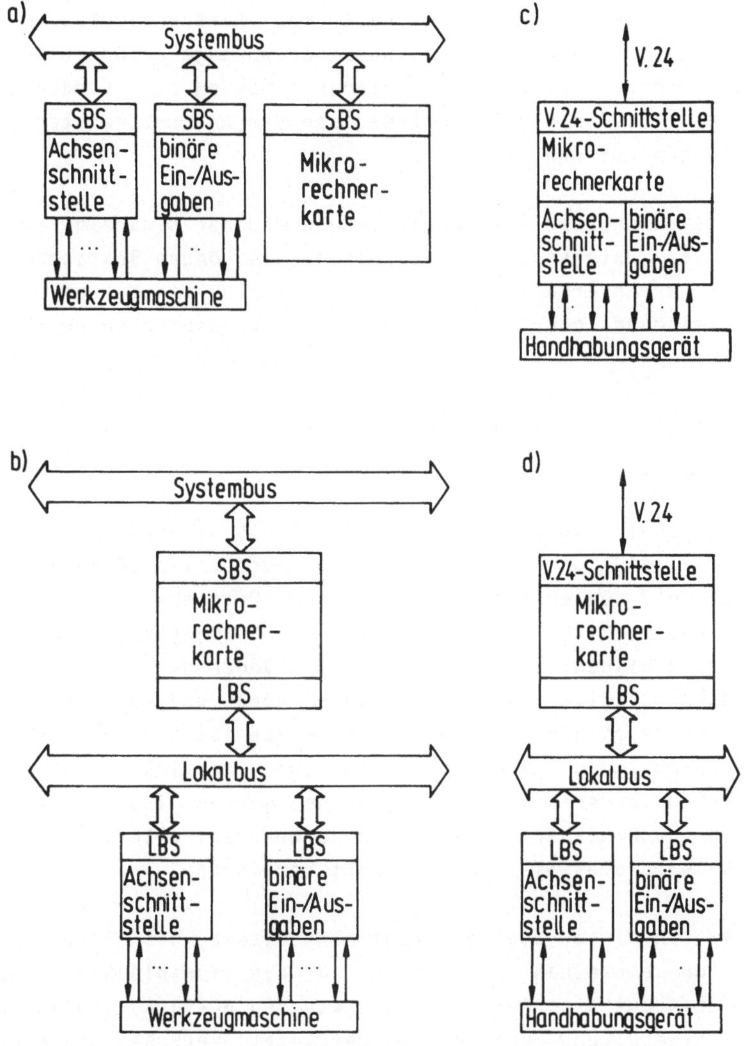

<u>Bild 2.3:</u> Hardware-Konfigurationen für einen Funktionsblock Geometriedatenverarbeitung

- Zum Erfassen der Binärsignale von Referenznocken und
Endschaltern einer Achse sind Binäreingänge erforderlich.
Insbesondere bei einer Einzellösung müssen auch Binäraus-
gaben z.B. für die Reglerfreigaben der Antriebsverstärker
vorgesehen werden.

Die Ausführung der Achsanschaltungen und der Binärein-/aus-
gaben kann unterschiedlich erfolgen. Sie können Bestandteil
der Mikrorechnerkarte sein oder als separate Karten über
den Systembus oder einen lokalen Bus angesprochen werden.

2.2 Pflichtenheft eines Funktionsblocks Geometriedatenver-
arbeitung

Bei der Festlegung des Funktionsumfangs einer NC geht man
üblicherweise von Betriebsarten wie Handbetrieb, Automatik-
betrieb und Dateneingabe aus. Diese Betriebsarten lassen
sich jedoch nicht vollständig auf die Geometriedatenverarbeitung abbilden. Es wird hier aus Gründen der Reduzierung
von Schnittstellen nicht zwischen Hand- und Automatikbe-
trieb unterschieden, an der Dateneingabe ist die Geometriedatenverarbeitung nicht beteiligt. Der Funktionsumfang muß
also nach anderen Kriterien geordnet werden. Zunächst wird
deshalb nach der Art, die Achsen zu bewegen, unterschieden.
In /15/ wird dies als Steuerungsart bezeichnet.

Es sei an dieser Stelle darauf hingewiesen, daß die Zuordnung von einzelnen Funktionen zu Funktionsblöcken nicht
immer eindeutig erfolgen kann. Zwischen NC-Datenverwaltung
und -aufbereitung und der Geometriedatenverarbeitung kann
je nach Randbedingungen eine Verschiebung auftreten. Es
werden hier deshalb die Funktionen aufgeführt, die üblicherweise in einem Funktionsblock Geometriedatenverarbeitung realisiert werden. Insbesondere bei Sonderfunktionen
wie Meßabläufen kann diese Aufzählung keinen Anspruch auf
Vollständigkeit erheben.

Daraus leitet sich eine wesentliche Forderung an einen Funktionsblock Geometriedatenverarbeitung ab: Die zu entwerfende Struktur muß so gewählt sein, daß ein sogenanntes offenes System entsteht, in das auch Funktionen eingebracht werden können, für die heute noch keine Konzepte vorliegen.

2.2.1 Steuerungsarten

Im folgenden wird zunächst gemäß /15/ in die drei Steuerungsarten **Punktsteuerung**, **Streckensteuerung** und **Bahnsteuerung** unterschieden. Diesen Steuerungsarten ist gemeinsam, daß sie mit NC-Steuerdaten in Form von NC-Sätzen versorgt werden.

Ergänzend zu den genannten Steuerungsarten kann die **Referenzpunktfahrt** gesehen werden, da sie einen speziellen Bewegungsablauf erzeugt (Bild 2.4). Bei inkrementel arbeitenden Meßsystemen ist nach dem Einschalten die Steuerung mit der Maschine zu synchronisieren. Dazu wird eine durch einen sog. Referenznocken und einen Impuls vom Wegmeßsystem gekennzeichnete Stellung der Achse angefahren auf die alle Wegangaben in den NC-Steuerdaten bezogen werden. Entscheidend ist beim Anfahren dieser Stellung die exakte Reproduzierbarkeit im Rahmen des Auflösungsvermögens des Meßsystems.

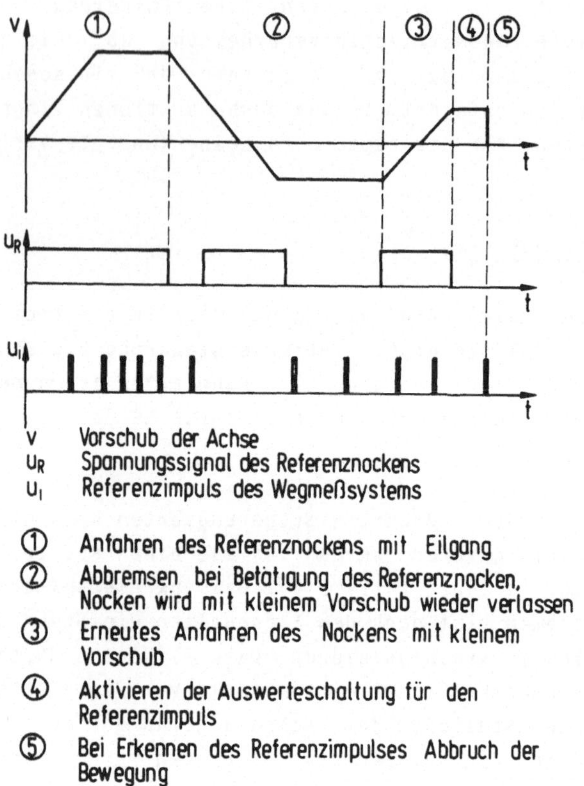

① Anfahren des Referenznockens mit Eilgang

② Abbremsen bei Betätigung des Referenznocken, Nocken wird mit kleinem Vorschub wieder verlassen

③ Erneutes Anfahren des Nockens mit kleinem Vorschub

④ Aktivieren der Auswerteschaltung für den Referenzimpuls

⑤ Bei Erkennen des Referenzimpulses Abbruch der Bewegung

Bild 2.4: Beispiel für den Ablauf einer Referenzpunktfahrt

2.2.2 Grundfunktionen zur Bahnerzeugung

Für die folgenden Ausführungen wird ein Funktionsblock Geometriedatenverarbeitung mit Punkt-, Strecken- und Bahnsteuerung sowie Referenzpunktfahrt betrachtet. Wesentlicher Bestandteil eines solchen Funktionsblocks sind die Funktionen Sollwerterzeugung, Sollwertbeeinflussung und Lageregelung /16/. **Bild 2.5** zeigt den vereinfachten Datenfluß zwischen den genannten Grundfunktionen. Auf deren wichtigste Aufgaben wird kurz eingegangen.

Sollwerterzeugung

Der Verfahrweg wird in einem NC-Satz über die Zielkoordinate
in Verbindung mit einer Information über die Art der Bahn,
also z.B. Gerade oder Kreis angegeben. Aufgabe der Sollwerterzeugung oder Interpolation ist es nun, auf der programmierten Bahn, von der zunächst nur die Anfangs- und Endkoor-
dinaten bekannt sind, Bahnstützpunkte zu berechnen, die an
die Lageregelung weitergegeben und dort bei jedem Lageregeltakt verarbeitet werden /13/. Bei der Stützpunktberechnung unterscheidet man nach Art und Verfahren.

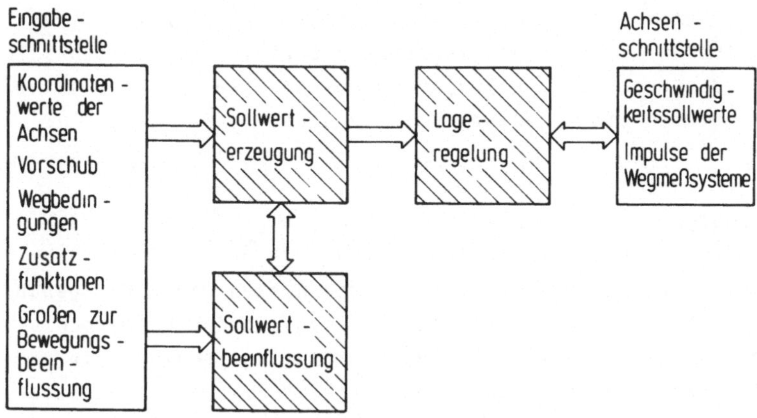

Bild 2.5: Vereinfachter Datenfluß zwischen den Grundfunktionen zur Bahnerzeugung

Die Interpolationsart bestimmt die Bahn und ist im NC-Satz
angegeben. Gebräuchlich sind Geraden- und Kreisinterpolation. Für spezielle Anwendungen kommen weitere Arten in
Betracht, z.B.Parabelinterpolation.

Die Interpolationsverfahren kennzeichnen den verwendeten
Algorithmus zur Stützpunktberechnung. Zunächst kann in
hardwareorientierte und softwareorientierte Verfahren unterschieden werden. Hardwarelösungen sollen für künftige Aus-

führungen nicht mehr in Betracht gezogen werden. Der Stand der Mikroprozessortechnik erlaubt die Realisierung von Softwarealgorithmen, die vor allem den Vorteil der leichten Anpaßbarkeit besitzen.

Sollwertbeeinflussung

Die Sollwertbeeinflussung (Slope) ist aus zwei Gründen erforderlich: Zum einen muß eine Beschleunigungsbegrenzung zur Reduzierung von Bahnverzerrungen möglich sein /17/. Zum anderen ist es notwendig, über einen extern vorgegebenen Prozentfaktor die momentane Bahngeschwindigkeit direkt beeinflussen zu können (Vorschub-Override). Wesentlich ist dabei die rechtzeitige Erkennung des Bremszeitpunktes sowie der Ausgleich eines Restweges am Ende des NC-Satzes.

Lageregelung

Aufgabe der Lageregelung ist es, die Achsen möglichst genau der durch die Sollwerterzeugung vorgegebenen Bahn nachzuführen. Die in Software ausgeführte Lageregelung ist nur zu diskreten Zeitpunkten in der Lage, Soll- und Istpositionen zu vergleichen /12/. Daneben führt die Lageregelung die Positionssoll- und -istwerte für Anzeigezwecke.

2.2.3 Korrekturfunktionen

Neben den genannten Grundfunktionen zur Bahnerzeugung sind auch Korrekturfunktionen erforderlich. Vorwiegend sind mechanische Unzulänglichkeiten der Achsen auszugleichen, jedoch auch elektrisch bedingte Abweichungen. <u>Tabelle 2.1</u> gibt einen Überblick über mögliche Korrekturfunktionen. Die genannten Korrekturfunktionen werden in der Sollwerterzeugung und in der Lageregelung realisiert. Werkzeug-

Ursache	mechanische Ungenauigkeit	elektrische Abweichungen	thermische Abweichung
Korrektur-funktionen	- Losekompen-sation - Spindelstei-gungsfehler-kompensation - Kompensation von Maschinen-formfehlern - Nachgiebig-keitskompen-sation	- Offset-kompen-sation	- Tempera-turkompen-sation

<u>Tabelle 2.1:</u> Korrekturfunktionen zur Verbesserung der Bahnge-
nauigkeit

korrekturen wie Längen- und Radiuskorrektur werden hier
nicht der Geometriedatenverarbeitung zugerechnet und deshalb an dieser Stelle nicht betrachtet.

2.2.4 <u>Überwachungsfunktionen</u>

Den Überwachungsfunktionen kommt innerhalb der Geometriedatenverarbeitung wegen ihrer Nähe zur Maschine besondere
Bedeutung zu. Es wird unterschieden in steuerungsexterne
Überwachung, d.h. Überwachung für Einrichtungen außerhalb
der NC wie Leitungen, Schalter, Antriebsverstärker usw. und
in steuerungsinterne Überwachung für NC-Hardware, NC-
Steuerdaten und Funktionsprogramme. Die reine Überwachung
kann mit Diagnosefunktionen bis hin zur Fehlerlokalisierung
ergänzt werden /18/.

<u>Tabelle 2.2</u> zeigt dazu eine Übersicht. Überwachungsfunktionen für steuerungsexterne Fehler und NC-Steuerdaten sind üblicherweise in die Grundfunktionen zur Bahnerzeugung integriert. Rechner- und funktionsprogrammorientierte Überwachungsfunktionen bilden eigenständige Einheiten.

Art der Überwachung	steuerungs- externe Fehler	steuerungsinterne Fehler	
		NC-Steuer- daten	rechner- und funktionspro- grammorien- tiert
Überwachung auf	- Plausibili- tät der Ma- schinenist- position - Schleppab- stand - Positionier- genauigkeit - Referenz- punkt	- Formale Richtigkeit der Daten - Zulässige Bereiche der Daten - Arbeitsbe- reiche der Maschine	- Bauteil- ausfall - Spannungs- ausfall - Zeitbedin- gungen - Fehlerhafte Zustände der Funktions- programme

<u>Tabelle 2.2:</u> Beispiele für Überwachungsfunktionen in der Geometriedatenverarbeitung

2.2.5 <u>Zusatzfunktionen</u>

Neben den bisher genannten Funktionen zur Bahnerzeugung und Überwachung sind in der Regel zusätzliche Funktionen für Anzeige- und Verwaltungsaufgaben im Funktionsblock erforderlich. Darüberhinaus kommen anwendungsabhängige Sonderfunktionen, z.B. für Meßaufgaben /19/ hinzu.

2.2.6 <u>Konfigurierbarkeit</u>

Wie einleitend dargelegt, muß ein Funktionsblock Geometriedatenverarbeitung für unterschiedliche Anwendungen einsetzbar sein. Gleichartige und verschiedenartige Anwendungen
sind zu unterscheiden.

Bei gleichartigen Anwendungen, z.B. für dreiachsige Fräsmaschinen verschiedener Hersteller, sind in der Regel keine
strukturellen oder funktionalen Änderungen erforderlich.
Die notwendigen Anpassungen, etwa an die Dynamik der Achsantriebe, können über die Parameter des sogenannten Maschinendatensatzes (MDS) /20/ vorgenommen werden.

Bei verschiedenartigen Anwendungen reicht eine Anpassung
über Parameter nicht aus. Eine fünfzehnachsige Textilma-
schine /21/ bedingt gegenüber der dreiachsigen Fräsmaschine
erhebliche strukturelle und funktionale Veränderungen.
Ein für alle denkbaren Einsatzgebiete geeigneter Funktionsblock Geometriedatenverarbeitung mit festem Funktionsumfang
ist nicht mehr anwendbar und wird nie vollständig sein.

Ein Baukastensystem ist für den Funktionsblock Geometriedatenverarbeitung unabdingbar, das einmal den Aufbau von zu-
geschnittenen Funktionsblöcken aus vorhandenen Bausteinen
erlaubt, zum anderen aber auch die Möglichkeit zur Ergänzung um neue Funktionen bietet.

Aus Analysen von Steuerungsaufgaben lassen sich die funktionalen Anforderungen an eine Grundversion für ein Baukastensystem wie folgt zusammenstellen:

- Bedienung von mehr als 4 lagegeregelten Achsen, beispielsweise bis maximal 16 Achsen. [1]

- Punktsteuerung für alle Achsen.

- Streckensteuerung, bei mehreren Achsen unabhängig voneinander.

- Bahnsteuerung mit den beiden Funktionen
  . Geradeninterpolation in bis zu 3 aus 16 Achsen, zusätzlich Möglichkeit zum Mitschleppen weiterer Achsen.
  . Kreisinterpolation in 2 aus 16 Achsen, zusätzlich Möglichkeit zum Mitschleppen weiterer Achsen.
  . Die Geraden- und Kreisinterpolation soll mehrfach voneinander unabhängig in einem Funktionsblock realisierbar
    sein.

- Vorschub-Bereich von 0,1 mm/min bis 250 m/min, abhängig
  von der Meßsystemauflösung der Achsen. Die Meßsystemauflösung soll für die einzelnen Achsen getrennt vorgebbar
  sein, der kleinste Wert soll 0,1 μm pro Impuls betragen.

- Verfahrwege bis 50 m bei einer Einheit von 0,1 μm.

- Sollwertbeeinflussung für alle Achsen.

- Referenzpunktfahrt für alle Achsen in wählbarer Reihenfolge.

- Möglichkeiten zur Bewegungsbeeinflussung für einzelne
  Achsen und für alle Achsen gemeinsam.

---

1) Aus programmtechnischen Gründen wird hier davon ausgegangen, daß ein Funktionsblock maximal 16 Achsen bedienen kann. Geeignete Mikroprozessoren verfügen über die
   Dateneinheit "Wort", die aus 16 binären Stellen (Bit)
   besteht. So kann bei einer maximalen Anzahl von 16 Achsen
   jeder Achse ein Bit zugeordnet werden.

- Bereitstellung von Anzeigewerten.

- Abtastzeit der Lageregelung kleiner als 8 ms.

- NC-Satz-Folgezeit kleiner 20 ms.

- Konfigurierbarkeit über Parameter des Maschinendatensatzes
  mit der Möglichkeit, die Zuordnung von Achsen zu Steuerungsarten bei Bewegungsstillstand der Achsen verändern
  zu können.

- Einrichtungen zur Überwachung und Diagnose.

2.3 Stand der Geometriedatenverarbeitung in NC

Auf dem Markt befindliche NC decken die in Abschnitt 2.2.1
genannten Steuerungsarten üblicherweise ab /22, 23, 24/. Die
Anpaßbarkeit über Parameter im Maschinendatensatz sowie
Überwachungs- und Korrekturfunktionen gehören dabei zum
Stand der Technik. Die Steuerungshersteller konzentrieren sich jedoch auf gleichartige Anwendungen und legen die
NC dementsprechend aus. Dies führt dazu, daß Kombinationen
der Steuerungsarten wie beispielsweise Bahnsteuerung für
eine Achsgruppe mit zusätzlichen Achsen für ein Handhabungs-
gerät oder mehrere Achsgruppen mit Bahnsteuerungsverhalten
in einem Funktionsblock nicht realisierbar sind. Dort werden
Lösungen gemäß Bild 2.6 eingesetzt. Auch wenn von der Kom-
plettlösung der käuflichen NC abgesehen wird, gibt es keine
Alternative, die insbesondere die Anforderungen nach Abschnitt 2.2.6 an die Konfigurierbarkeit erfüllt. Software
für NC als eigenständiges Produkt - also unabhängig von der
Hardware - wird noch nicht angeboten.

Ziel dieser Arbeit ist es deshalb, solche Software zur Geometriedatenverarbeitung in Form eines Baukastensystems zu
entwickeln.

Dazu sind zum einen funktionsorientierte Softwarestrukturen zu entwerfen, zum anderen Schnittstellen für den funktionsblockinternen Datenaustausch und zum Datenaustausch mit anderen Funktionsblöcken einzuführen. Diese Festlegungen sollen den Aufbau eines Funktionsblocks Geometriedatenverarbeitung mittels Kombination vorhandener konfigurierbarer Softwarebausteine ermöglichen, aber auch die Möglichkeit des Einbringens neuer Funktionen sicherstellen.

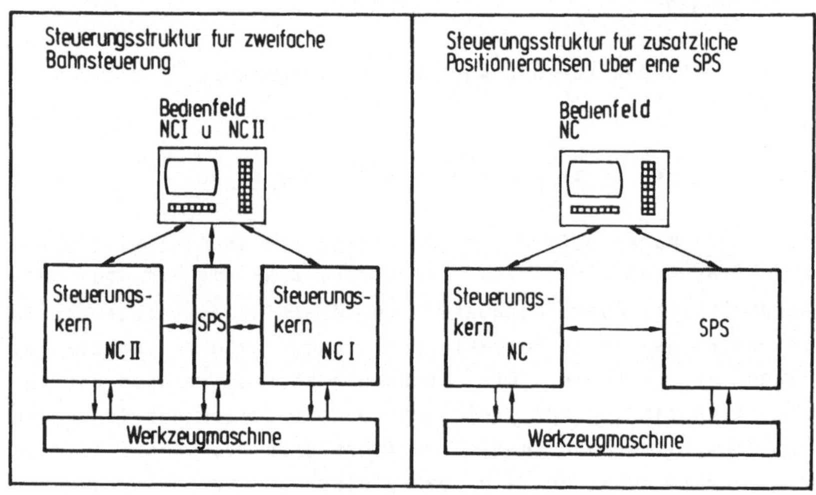

<u>Bild 2.6:</u> Beispiele für Steuerungsstrukturen bei speziellen Aufgabenstellungen

3 Softwarestruktur eines Funktionsblocks

Wie bereits einleitend dargelegt, entfällt auf die Funktionsprogramme ein hoher Anteil der Entwicklungskosten einer NC. Daraus resultiert die Forderung, diese Programme so zu erstellen, daß sie auch für weitere Anwendungen aufgrund einer hohen Modularität einsetzbar sind.

3.1 Funktionsprogrammebenen und -module

Softwarestrukturen werden in der Literatur für komplexe Datenverarbeitungssysteme vorgeschlagen /26,27,28/. Für die Datenverarbeitung in einer NC mit ihren hohen Zeitanforderungen und einem begrenzten Funktionsumfang sind diese Festlegungen nur bedingt geeignet /29/.

Hersteller von NC geben in Veröffentlichungen zwar Strukturen innerhalb einer NC gemäß __Bild 2.1__ an, jedoch eine Detaillierung innerhalb von Funktionsblöcken ist nicht bekannt. An firmenübergreifenden Definitionen sind die Festlegungen im Entwurf zu DIN 66264 Teil 2 zu nennen, die den speziellen Anforderungen einer NC Rechnung tragen. Sie bilden die Grundlage für die weiteren Ausführungen.

3.1.1 Vorgaben nach dem Entwurf zu DIN 66264 Teil 2

Für das Mehrprozessor-Steuersystem (MPST) wurden im Entwurf zu DIN 66264 Teil 2 Strukturen und Schnittstellen für Funktionsprogramme definiert, die jedoch hardwareunabhängig sind und somit auf weitere Systeme neben MPST übertragen werden können.

Die im Entwurf zu DIN 66264 Teil 2 beschriebenen Strukturen sind so gewählt, daß die einzelnen Programmeinheiten abgeschlossene Funktionen umfassen und der erforderliche Daten-

austausch zwischen den Einheiten gering gehalten wird /29/.
Diese Strukturierung erfolgt in einer dreistufigen Hierar-
chie. Zunächst werden die gesamten Funktionsprogramme einer
NC in sogenannte **Funktionsblöcke** und die **Systemsteuerung**
eingeteilt (<u>Bild 3.1</u>, siehe auch <u>Bild 2.1</u>). Ein Funktionsblock besteht aus einer oder mehreren **Beauftragbaren Funktionen**, die sich ihrerseits aus Einzelfunktionen zusammen-
setzen. Diese **Einzelfunktionen** stellen die kleinste Einheit
dar. Mehrere Beauftragbare Funktionen können in einem Funktionsblock auf dieselbe Einzelfunktion zugreifen.

Für die Systemsteuerung wurde ebenfalls eine interne Struktur erarbeitet /10/, diese soll jedoch im Rahmen der vor-
liegenden Arbeit nicht weiter untersucht werden.

Neben den erläuterten Strukturen sind im Entwurf zu DIN
66264 Teil 2 Festlegungen über Schnittstellen von Funktionsblöcken getroffen worden. Der gesamte Datenfluß zu
einem bzw. von einem Funktionsblock setzt sich danach aus
Steuer- und **Anwenderdaten** zusammen. Die Steuerdaten, die
im wesentlichen zwischen Systemsteuerung und Beauftragbaren Funktionen ausgetauscht werden (<u>Bild 3.1</u>), laufen über
die Steuerschnittstelle, die aus sog. **Steuerblöcken** besteht. Für diese Steuerblöcke wurden die Bedeutung der Daten und die Zugriffsregeln festgeschrieben. Pro Funktionsblock gibt es einen allgemeinen Steuerblock 0 (SB0), zudem
verfügt jede Beauftragbare Funktion (BFi) über einen eigenen Steuerblock i (i>0).

Anwenderdaten werden von den Beauftragbaren Funktionen
über **Datenblöcke** ausgetauscht. Ein Datenblock besteht bis
auf eine Ausnahme aus Verwaltungsdaten, die den Zugriff
regeln (Datenblockstatus), und daran anschließend aus den
Anwenderdaten. Nach Art des Zugriffs auf Anwenderdaten
wird in Verbrauchs- und Bereitstellungsdaten unterschieden
/29/. Für Verbrauchsdaten können Datenblöcke vom Typ SATZ,

FIFO und STRING eingesetzt werden, für Bereitstellungsdaten stehen Datenblöcke vom Typ WORT und FELD zur Verfügung.

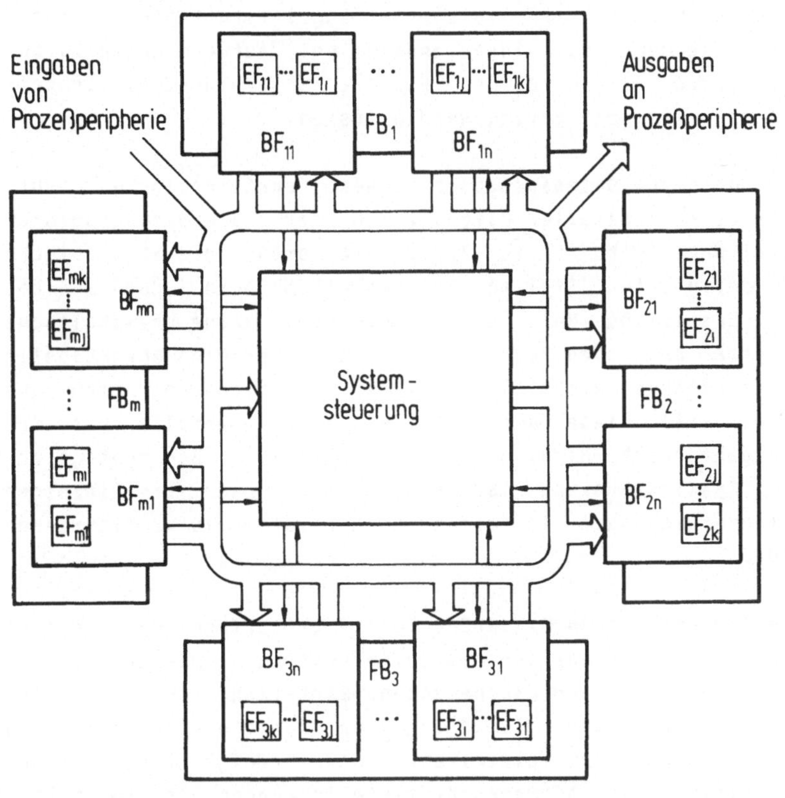

Bild 3.1: Softwarestruktur nach dem Entwurf zu DIN 66264 Teil 2

Für die einzelnen Datenstrukturen wurde die Bedeutung der Verwaltungsdaten und die Zugriffsregeln festgeschrieben. Dadurch können standardisierte Zugriffsfunktionen eingesetzt werden, die insbesondere bei aufwendigeren Datenstrukturen wie FIFO und FELD die Fehlerwahrscheinlichkeit beim Zugriff sehr gering werden lassen.

Der gesamte Datenaustausch eines Funktionsblockes läuft über einen speziellen Datenbereich, der als Übergabespeicher bezeichnet wird (Bild 3.2). Hier stehen die Steuerblöcke an definierten Stellen, für die Datenblöcke jedoch muß bei der Erstellung der Funktionsprogramme keine physikalische Adresse angegeben werden. Sie werden über eine Adreßtabelle (Datenblockverzeichnis) von den Funktionsprogrammen aus adressiert. Diese Adreßtabelle liegt ebenfalls auf dem Übergabespeicherbereich und ist damit von außen zugänglich. Die Systemsteuerung ist somit in der Lage, die einzelnen Datenverbindungen in einem Steuersystem zu konfigurieren /10/.

Die im Entwurf zu DIN 66264 Teil 2 getroffenen Festlegungen enden in Hinsicht auf die Softwarestruktur mit der Einzelfunktion. Eine aufgabenbezogene Einteilung von Einzelfunktionen sowie eine Zuordnung von Funktionsprogrammen und Datenbereichen zu Einzelfunktionen erfolgt nicht. Bei der Definition der Softwareschnittstelle wurden für die Steuerblöcke die Bedeutung der Daten und die Zugriffsfunktionen festgeschrieben. Bei Datenblöcken gilt dies ebenfalls für die Zugriffsregeln und lediglich für die Verwaltungsdaten, die Bedeutung der eigentlichen Anwenderdaten wurde offen gelassen. Für ein Baukastensystem, das die Kombination und den Austausch von Funktionsprogrammodulen zuläßt, ist jedoch eine Festschreibung der Anwenderdaten sowohl an der Schnittstelle des Funktionsblocks nach außen wie auch für interne Schnittstellen zwischen einzelnen Modulen von entscheidender Bedeutung.

Übergabespeicher

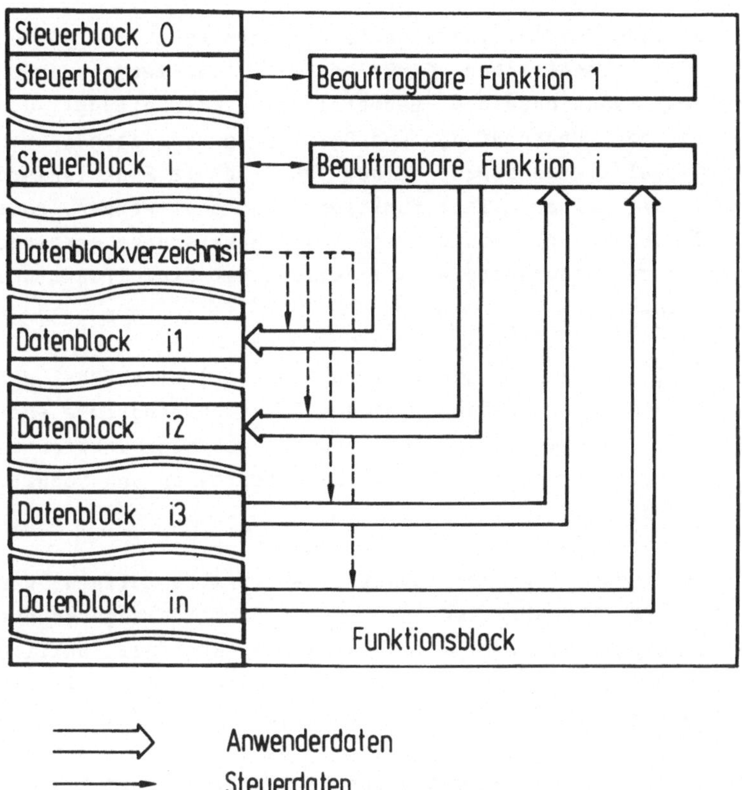

Bild 3.2: Softwareschnittstelle eines Funktionsblocks

Zunächst werden weitergehende Strukturen für einen allgemeinen Funktionsblock diskutiert, die dabei gewonnenen
Ergebnisse sind auf einen Funktionsblock Geometriedatenverarbeitung anzuwenden. Eine Analyse der Aufgabenverteilung
auf Einzelfunktionen liefert neben strukturellen Anforderungen die Grundlage zur Festlegung von Schnittstellen für
die wesentlichen Einzelfunktionen der Geometriedatenverarbeitung.

3.1.2 Modularer Aufbau von Einzelfunktionen

Die Aufgaben einer Einzelfunktion liegen neben der Ausführung der eigentlichen Funktion (z.B. Sollwerterzeugung in einem Funktionsblock Geometriedatenverarbeitung) u.U. auch in der Überprüfung und Bestimmung von Daten während der Initialisierungsphase einer NC. Da die Funktionsprogramme, die einer Einzelfunktion zugeordnet werden, zudem eine Größenordnung von über 10 kbyte Anweisungen erreichen können, ist eine weitere Unterteilung der Einzelfunktionen zu fordern.

Hier soll der Begriff der **Teilfunktion** (TF) eingeführt werden, für dessen Anwendung auf die Funktionsprogramme ebenfalls die Randbedingung der abgeschlossenen Funktion und des geringen erforderlichen Datenaustauschs an den Schnittstellen maßgebend ist.

Teilfunktionen, die der eigentlichen Funktion dienen, werden dem **Funktionsbereich** der Einzelfunktion zugerechnet. Funktionsprogramme zur Initialisierung der Einzelfunktion werden analog in Teilfunktionen gegliedert und dem **Initialisierungsbereich** einer Einzelfunktion zugeordnet. Teilfunktionen dieses Bereichs werden bei der Systeminitialisierung durch die Systemsteuerung aufgerufen. **Bild 3.3** gibt eine Übersicht der Programmbereiche einer Einzelfunktion.

Für die Zuordnung von Daten zu Bereichen lassen sich die von einer Einzelfunktion benutzten Daten in sogenannte **private** und **globale Daten** unterscheiden. Private Daten werden nur von der Einzelfunktion selbst angesprochen, ein Zugriff von weiteren Einzelfunktionen erfolgt nicht. Für diese Daten sind daher keine besonderen Vereinbarungen erforderlich, sie werden gegebenenfalls mit den privaten Daten anderer Einzelfunktionen in einem dafür vorgesehenen Speicherbereich abgelegt. Ein indirekter Zugriff über ein Datenblockverzeichnis nach Abschnitt 3.1.1 ist an dieser

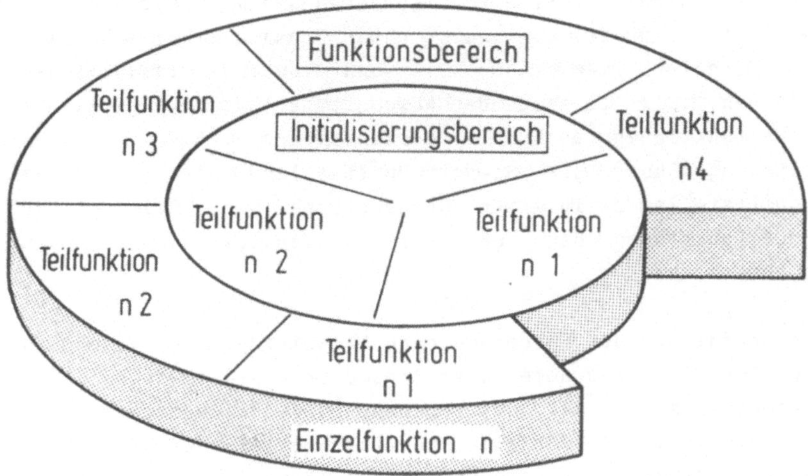

Bild 3.3: Funktionsprogrammbereiche einer Einzelfunktion

Stelle nicht sinnvoll, für komplexe Organisationsformen wie FIFO können jedoch aus Gründen der Fehlerreduzierung Datenblöcke nach Abschnitt 3.1.1 und für direkten Zugriff modifizierte Zugriffsfunktionen eingesetzt werden.

Neben diesen von außen nicht zugänglichen Daten verfügt eine Einzelfunktion über Schnittstellendaten, die als globale Daten bezeichnet werden, zur Kommunikation mit der Umgebung. Diese Umgebung kann aus weiteren Einzelfunktionen derselben Beauftragbaren Funktion, aus einer weiteren Beauftragbaren Funktion desselben Funktionsblocks oder aus einem weiteren Funktionsblock, der Systemsteuerung oder Peripheriegeräten bestehen (**Bild 3.1**). Der Austausch der globalen Daten muß deshalb sowohl mit direkter Adressierung wie indirekt über ein Datenblockverzeichnis möglich sein. Letztere Adressierungsart ist erforderlich, wenn ein Datenaustausch über den Übergabespeicher des Funktionsblocks mit einem weiteren Funktionsblock, der Systemsteuerung oder

Peripheriegeräten stattfindet. Zur Auswahl des Zugriffs auf
globale Daten ist eine Konfigurierungsmöglichkeit vorzusehen. Dies kann beispielsweise unter Einsatz eines sogenannten Generiersystems /30, 31/ und von Zugriffsfunktionen
erfolgen. Wie im folgenden Abschnitt erläutert, übernehmen
Einzelfunktionen auch die Kommunikation mit der Systemsteuerung über die Steuerschnittstelle. Die für diese
Schnittstelle definierten Steuerblöcke sind bei solchen
Einzelfunktionen dann ebenfalls Bestandteil des globalen
Datenbereichs.

Zur Erfüllung der Forderung nach Allgemeingültigkeit müssen
die Funktionsprogramme über Parameter anpaßbar sein. Diese
Parameter sind Teil des sogenannten Maschinendatensatzes,
der die Parameter für alle Funktionsblöcke einer NC umfaßt.
Da ein Parameter von mehreren Einzelfunktionen ausgewertet
werden kann, aber nur einmal im Maschinendatensatz existent
ist, muß der Maschinendatensatz i.a. für jede Steuerungs-
konfiguration neu erstellt werden. Dies kann ebenfalls mit
Hilfe eines Generiersystems erfolgen. Die Parameter des
Maschinendatensatzes sind Bestandteil der globalen Daten.

Eine Einzelfunktion kann schließlich einfache Überwachungsfunktionen zur Plausibilitätsprüfung von Daten beinhalten.
Das Erkennen eines Fehlers wird üblicherweise durch eine
Kennung in Form einer Binärzahl oder eines Bitmusters gemeldet. Diese Kennungen werden im globalen Datenbereich abgelegt. **Bild 3.5** zeigt die Einteilung der Datenbereiche einer
Einzelfunktion.

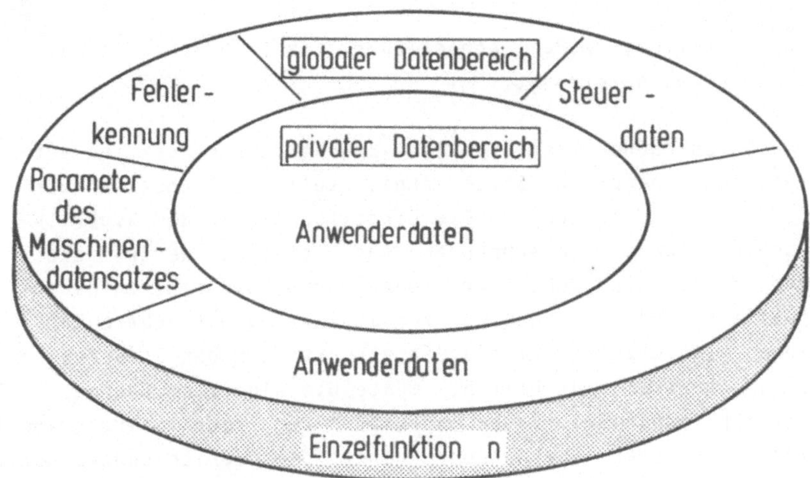

Bild 3.4: Datenbereiche einer Einzelfunktion

3.1.3 Aufgabenbezogene Einordnung von Einzelfunktionen in Ebenen

Beauftragbare Funktionen setzen sich aus Einzelfunktionen zusammen, Funktionsblöcke wiederum aus Beauftragbaren Funktionen. Einzelfunktionen können jedoch auch direkt einem Funktionsblock zugeordnet sein und dort beispielsweise Verwaltungsaufgaben übernehmen.

Entsprechend den Aufgaben, für die Einzelfunktionen eingesetzt werden, können sie verschiedenen Ebenen innerhalb eines Funktionsblocks zugerechnet werden. Diese Ebenen werden zunächst innerhalb von Beauftragbaren Funktionen ermittelt.

Bei einer Analyse der durch Einzelfunktionen bearbeiteten Aufgaben einer Beauftragbaren Funktion läßt sich zunächst eine Einteilung in zwei Ebenen erkennen: einmal das Entgegennehmen und Aufbereiten von Aufträgen über die Steuerschnittstelle, im folgenden der **Steuerebene** zugeordnet, zum anderen die Durchführung der eigentlichen Aufgabe einer

Einzelfunktion, z.B. Lageregelung, im folgenden als **Algorithmusebene** bezeichnet.

Die Steuerebene kann für jede Beauftragbare Funktion aufgrund der genormten Steuerschnittstelle aus denselben Einzelfunktionen bestehen. Die Einzelfunktionen der Algorithmusebene führen Berechnungen aus, stellen Werte bereit oder führen logische Operationen durch. Sie sind aufgabenspezifisch und nur bedingt für mehrere Beauftragbare Funktionen einsetzbar. Um die Einzelfunktionen der Steuerebene aufgabenneutral zu halten, müßte die Algorithmusebene zusätzlich organisatorische Aufgaben zur Koordinierung von Einzelfunktionen übernehmen. Unter dem Gesichtspunkt der Wart- und Pflegbarkeit der Funktionsprogramme ist jedoch hier die Einführung einer weiteren Ebene zur Koordinierung von Abläufen sinnvoll. Diese wird als **Logikebene** bezeichnet und ist zwischen Algorithmus- und Steuerebene angesiedelt (<u>Bild 3.5</u>). Die gewählte Ebenenhierarchie bildet die Vor-

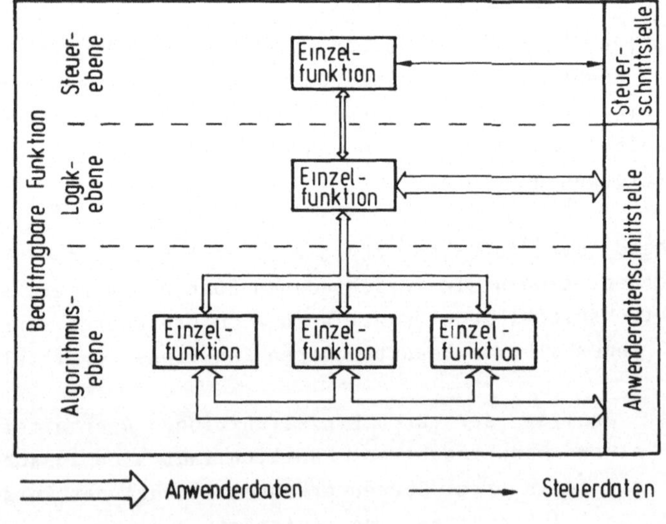

<u>Bild 3.5:</u> Ebenen von Einzelfunktionen in einer Beauftragbaren Funktion

aussetzung für den Einsatz von weitgehend spezialisierten und damit überschaubaren Einzelfunktionen.

Während Steuer- und Algorithmusebene in einer Beauftragbaren Funktion stets vorhanden sind, kann die Logikebene bei einfachen Anwendungen entfallen. Sie ist aber insbesondere dann erforderlich, wenn auf der Algorithmusebene mehrere Einzelfunktionen koordiniert werden müssen.

Die Definition von Ebenen läßt sich auch auf den Funktionsblock selbst ausdehnen. Neben den Beauftragbaren Funktionen zur Realisierung bestimmter einsatzbezogener Aufgaben umfaßt ein Funktionsblock Einzelfunktionen, die keiner Beauftragbaren Funktion zugeordnet sind. Diese Einzelfunktionen dienen allgemeinen Aufgaben wie der Initialisierung des Funktionsblockes. Im Entwurf zu DIN 66264 Teil 2 ist für die Initialisierung keine Beauftragbare Funktion vorgesehen, die Beauftragung erfolgt hier über den Steuerblock 0. Entsprechend Bild 3.6 lassen sich die hierfür erforderlichen Einzelfunktionen ebenfalls den drei genannten Ebenen zuordnen.

Daneben besteht jedoch die Notwendigkeit, den Ablauf von Einzelfunktionen, die einem Funktionsblock zugeordnet sind, ebenso wie von Beauftragbaren Funktionen überhaupt zu ermöglichen. Dazu kann ein Echtzeitbetriebssystem eingesetzt werden. Zusammen mit leistungsfähigen Mikroprozessoren entsteht so eine komfortable Basis zum Einbinden von Funktionsprogrammen mit Schnittstellenhandlern, Testhilfsmitteln und Tasking /32/.

Insbesondere für rechenzeitintensive Aufgaben, für die zudem kurze Taktzeiten einzuhalten sind, kann die Taskingfunktion eines Betriebssystems wegen der auftretenden Taskwechselzeiten jedoch oft nicht genutzt werden. Hier ist der Einsatz eigener Verwaltungsprogramme erforderlich (z.B. bei der Geometriedatenverarbeitung). Dasselbe gilt für einfache

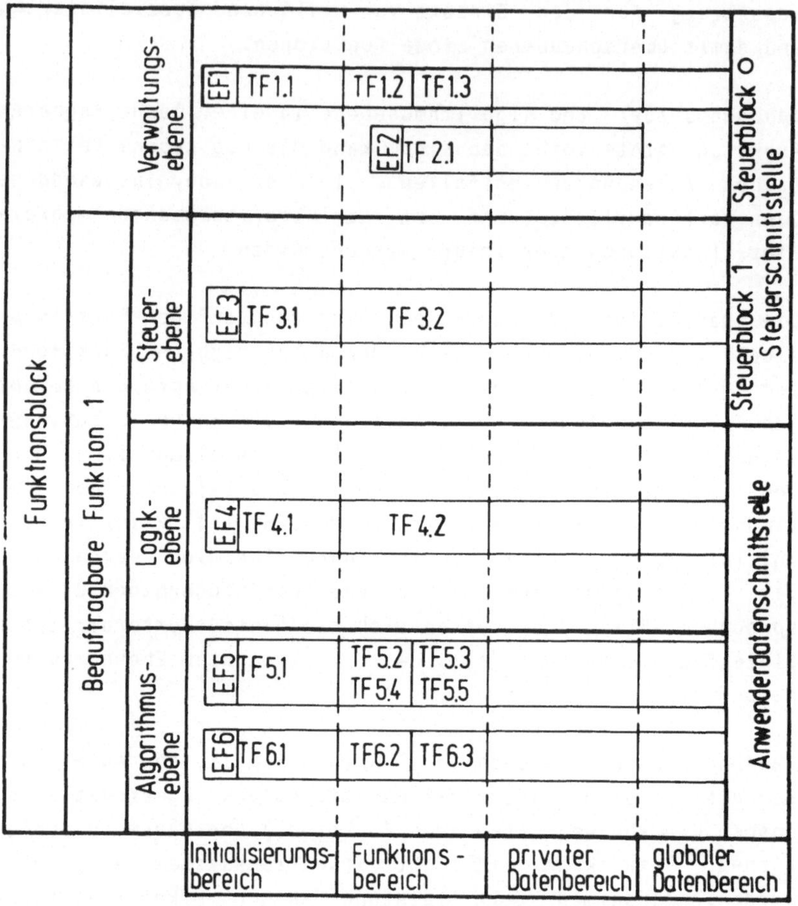

		Initialisierungsbereich	Funktionsbereich	privater Datenbereich	globaler Datenbereich
Verwaltungsebene		EF1 TF1.1	TF1.2 TF1.3		
			EF2 TF2.1		
Steuerebene		EF3 TF3.1	TF3.2		
Logikebene		EF4 TF4.1	TF4.2		
Algorithmusebene		EF5 TF5.1	TF5.2 TF5.3 TF5.4 TF5.5		
		EF6 TF6.1	TF6.2 TF6.3		

Funktionsblock — Beauftragbare Funktion 1

Steuerblock 0 — Steuerschnittstelle
Steuerblock 1 — Steuerschnittstelle
Anwenderdatenschnittstelle

EFn   Einzelfunktion n

TFn.i   zur Einzelfunktion n gehörende Teilfunktion i

Bild 3.6: Beispiel für den Aufbau eines Funktionsblockes mit einer Beauftragbaren Funktion und 6 Einzelfunktionen

Anwendungen, für die der Einsatz eines Betriebssystems nicht sinnvoll ist oder bei Verwendung einer Hardware, für die kein Betriebssystem verfügbar ist. Diese Verwaltungsprogramme bilden nun die Einzelfunktionen der höchsten Ebene, der Verwaltungsebene. **Bild 3.6** zeigt den Aufbau eines Funktionsblockes aus einzelnen Ebenen und an einem Beispiel die Unterteilung von Einzelfunktionen in die in Abschnitt 3.1.2 genannten Bereiche.

3.2 Programmtechnische Realisierung

Für die in Abschnitt 3.1 erarbeitete Softwarestruktur eines Funktionsblocks werden im folgenden programmtechnische Realisierungsmöglichkeiten aufgezeigt.

3.2.1 Aufruf von Funktionsprogrammen

Die Programmierung von Teilfunktionen erfolgt vorteilhaft als Unterprogramm (Prozedur). Dies gilt insbesondere hinsichtlich der mehrfachen Verwendung von Teilfunktionen durch Einzelfunktionen oder Beauftragbare Funktionen. Der Strukturierung in Ebenen trägt diese Technik ebenfalls Rechnung. **Bild 3.7** zeigt das prinzipielle Aussehen des Programmaufrufs für das Beispiel in **Bild 3.6**. Für die Darstellung wurde von der einfachen Möglichkeit ausgegangen, daß eine Teilfunktion im Funktionsbereich der Verwaltungsebene von einem zeitgesteuerten Unterbrechungssignal (Interrupt) des Mikroprozessors aufgerufen wird.

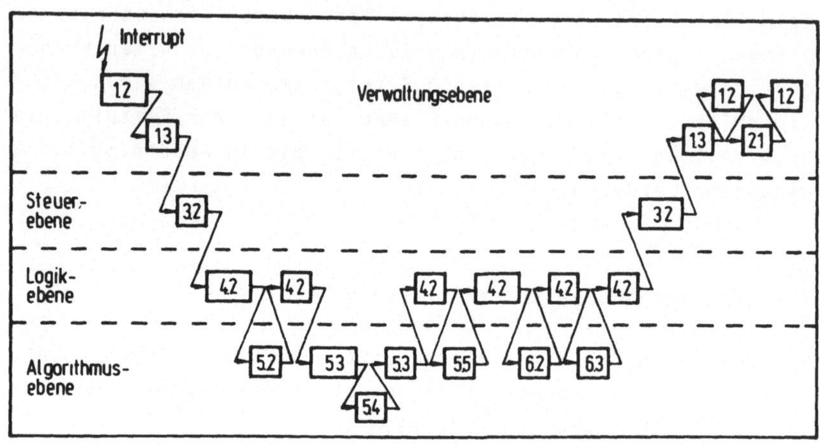

Bild 3.7: Beispiel für den Aufruf von Teilfunktionen

3.2.2 Zustandsgraphen als Methode der Programmierung

Zustandsgraphen als geeignetes Strukturelement bei der Programmerstellung sind seit längerem bekannt /33/. **Bild 3.8** zeigt in stark vereinfachter Weise den Einsatz von Zustandsgraphen zur Strukturierung von Funktionsprogrammen am Beispiel einer Einzelfunktion der Logikebene zur Steuerung der Positionierbewegung einer numerischen Achse. Dabei beschreibt der sogenannte Zustandsgraph die Reihenfolge im Ablauf der einzelnen Zustände mit den entsprechenden Übergangsbedingungen.

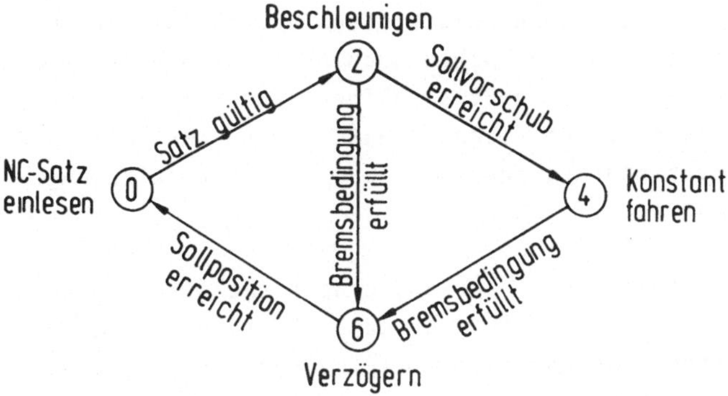

Zustandsgraph Achspositionierung

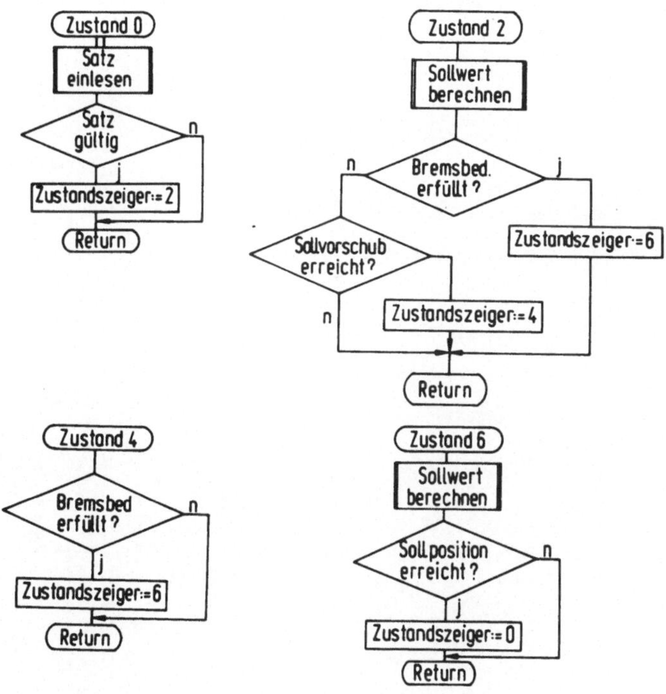

Bild 3.8: Beispiel für die Strukturierung von Teilfunktionen mittels Zustandsgraphen

Die Zustandsgraphendarstellung erlaubt es, neben den Bewegungszuständen der Achse auch programmtechnische Notwendigkeiten einfach berücksichtigen zu können. Dazu zählt die Verteilung einer Einzelfunktion aus Gründen der Rechenzeit auf mehrere Zustände oder die Verwirklichung von Zeitverzögerungen.

Die Vorteile der Zustandsgraphentechnik liegen neben der Übersichtlichkeit in der guten Testbarkeit derart erstellter Programme und in dem geringeren Rechenzeitbedarf, da zu einem Zeitpunkt nur der aktuell benötigte Programmteil durchlaufen werden muß. Änderungen und Erweiterungen solcher Programme sind einfach möglich.

4 Einzelfunktionen und Algorithmen zur Bahnerzeugung

Die wesentlichen Grundfunktionen zur Bahnerzeugung wurden bereits in Kapitel 2 genannt: Sollwerterzeugung, Sollwertbeeinflussung und Lageregelung, gegebenenfalls ergänzt durch Korrekturfunktionen. Daneben sind für die programmtechnische Verwirklichung weitere Funktionen erforderlich.

Die im folgenden durchgeführte Analyse hinsichtlich Funktionen für die Bahnerzeugung geht davon aus, daß NC-Steuerdaten in einer zunächst noch nicht festgelegten Darstellungsart in einer Eingabeschnittstelle bereitgestellt und Geschwindigkeitssollwerte über eine geeignete Ausgabeschnittstelle an die Antriebsverstärker gegeben werden. Für die zwischen den genannten Schnittstellen notwendige Datenverarbeitung ist eine Aufgabenverteilung zwischen den drei Grundfunktionen vorzunehmen und durch Angabe dafür geeigneter Algorithmen zu bestätigen.

Für die Auswahl der Algorithmen wird gemäß Abschnitt 2.1.3 davon ausgegangen, daß ein leistungsfähiger Mikroprozessor mit einer Datenbreite von 16 oder 32 bit und einem zusätzlichen Arithmetikprozessor zur Verfügung steht. Lösungen mit 8 bit-Systemen sind für Bahnsteuerungen mit hohen Zeitanforderungen ungeeignet.

4.1 Aufgabenverteilung bei den Grundfunktionen

Wesentliche Aufgabe der Sollwertbeeinflussung (Slope) ist nach /17/ die Reduzierung von Bahnfehlern durch Begrenzung der einzelnen Achsbeschleunigungen. Neben den in /17/ genannten Varianten sind für spezielle Anwendungen auch Lösungen mit ruckfreiem Verlauf /34/ oder mit mehreren Beschleunigungsstufen (Bild 4.1) möglich.

Die Sollwerterzeugung dient der Berechnung von Bahnstütz-
punkten zwischen einem vorgegebenen Anfangs- und Endpunkt
(Interpolation). In /13/ werden verschiedene Interpolationsverfahren vorgestellt und diskutiert. Zur Implementation
auf einem Mikrorechner eignen sich Verfahren, die mit einer
festen Taktzeit arbeiten. Dies sind rekursive Verfahren
oder Verfahren zur direkten Funktionsberechnung. Diese Verfahren können einstufig oder zweistufig ausgeführt sein
(Bild 4.2).

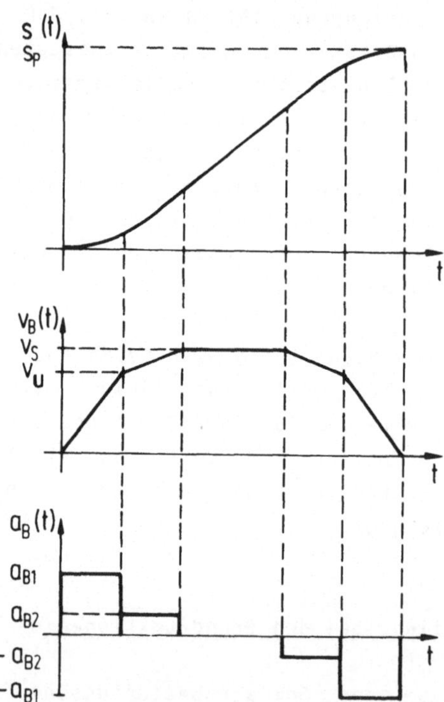

Bild 4.1: Beschleunigungsgesteuerter Sollwertverlauf mit
zwei Beschleunigungsstufen

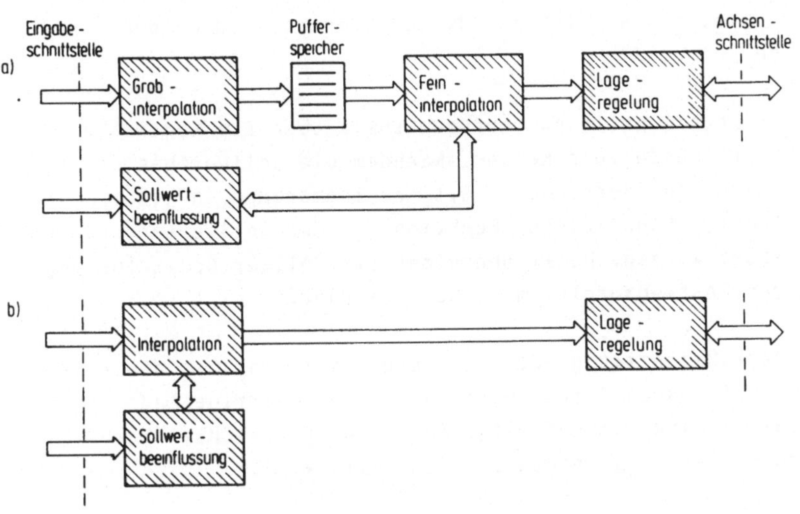

Bild 4.2: Strukturen bei ein- und zweistufiger Interpolation

Neben den genannten Hauptaufgaben sind für das Abarbeiten eines NC-Satzes folgende Punkte wichtig:

- Erkennen des Bremszeitpunktes für eine Bewegung nach **Bild 4.1**,
- Erkennen des NC-Satz-Endes,
- Restwegausgleich am NC-Satz-Ende und
- Berücksichtigung des Vorschub-Overrides.

Zunächst soll die Zuordnung dieser Aufgaben zu den beiden genannten Einzelfunktionen diskutiert werden. Das Erkennen des Bremszeitpunktes fällt nach **Bild 4.1** in das Aufgabengebiet der Sollwertbeeinflussung und ist Voraussetzung zum Erreichen des bestmöglichen Verlaufs der Bremsrampe. Dazu ist jedoch eine Information über den restlichen Verfahrweg eines NC-Satzes erforderlich. Dieser Verfahrweg ist der Interpolation aufgrund der Stützpunktberechnung bekannt. Daher bietet es sich an, diese Information dort bereitzustellen.

Beide Einzelfunktionen verfügen somit über die Möglichkeit, das NC-Satz-Ende zu erkennen. Nachdem die Sollwertbeeinflussung dies in Verbindung mit der Bremsrampe in jedem Fall durchführt, kann diese Funktion in der Sollwerterzeugung ausgespart werden. Damit übernimmt die Sollwertbeeinflussung auch den Restwegausgleich am NC-Satz-Ende.

Die Berücksichtigung des Vorschub-Overrides ist der Sollwertbeeinflussung zu übertragen, da Override-Änderungen ebenfalls eine rampenförmige Änderung des Geschwindigkeitsverlaufes zur Folge haben sollten (<u>Bild 4.3</u>).

Die beschriebene Aufgabenverteilung schafft eine vergleichsweise "intelligente" Einzelfunktion Sollwertbeeinflussung, die alle wesentlichen Punkte der Sollwerterzeugung steuert.

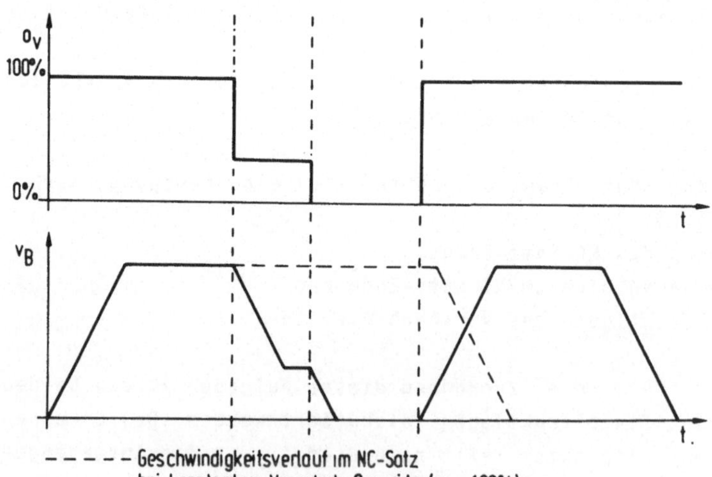

<u>Bild 4.3:</u> Wirkung des Vorschub-Overrides

Letztere beschränkt sich darauf, die eigentliche Interpolation durchzuführen. Vorteil dieser Aufteilung ist, daß die Sollwertbeeinflussung alle interpolationsunabhängigen Aufgaben ausführt, und daß sie somit für unterschiedliche Interpolationsarten einsetzbar ist. Voraussetzung hierfür ist die Definition einer Schnittstelle zwischen beiden Einzelfunktionen, die von den gängigen Interpolationsarten bedient werden kann.

4.2 Algorithmen zur Sollwertbeeinflussung

Für den in Bild 4.1 dargestellten Geschwindigkeitsverlauf soll beispielhaft ein geeigneter Algorithmus diskutiert werden. Dieser Geschwindigkeitsverlauf läßt sich durch schrittweise Erhöhung bzw. Verminderung der Bahngeschwindigkeit im Abtastzeitraster (T) durch die Sollwertbeeinflussung erreichen (Bild 4.4). Eine Vorausberechnung des Geschwindigkeitsverlaufs scheidet aus, da der Vorschub-Override unabhängig vom Stand der Interpolation in einem NC-Satz möglichst unverzögert Wirkung zeigen soll (Bild 4.3).

4.2.1 Bildung des Geschwindigkeitsverlaufs

Der Geschwindigkeitsverlauf nach Bild 4.4 kann sowohl durch direkte Berechnung wie durch rekursive Verfahren erzeugt werden. Rekursive Verfahren bieten den Vorteil des geringeren Rechenzeitbedarfs, haben jedoch den Nachteil einer Fehlerfortpflanzung. Die betrachteten Verfahren beziehen sich auf die Berechnung des Verlaufs der Bahngeschwindigkeit. Achsorientierte Verfahren scheiden für eine Realisierung aufgrund des entsprechend der Achszahl höheren Rechenzeitbedarfs aus. Sowohl direkte wie rekursive Verfahren benötigen als Eingabegrößen neben dem programmierten Vorschub v_p den wirksamen Override o_v sowie die Bahnbeschleunigungen a_{B1} und a_{B2}.

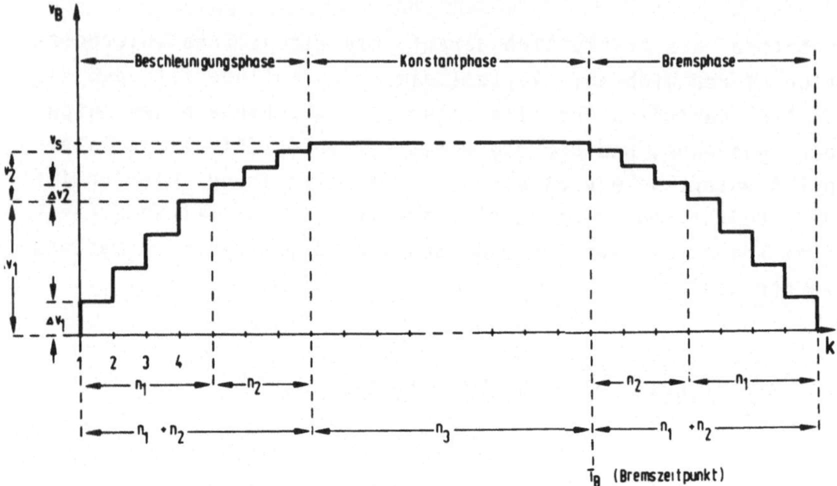

Bild 4.4: Prinzip der Sollwertbeeinflussung

Der Sollvorschub v_S bestimmt sich zu

$$v_S = v_P \cdot o_V \tag{4.1}$$

Die **direkte Funktionsberechnung** gliedert sich entsprechend den Phasen in <u>Bild 4.4</u>, da der Verlauf der aktuellen Bahngeschwindigkeit v_B als Funktion nur abschnittweise darstellbar ist.

Beschleunigungsphase ($v_B < v_S$, auch bei Override-Änderung):

$$v_B(k) = \begin{cases} a_{B1} kT & \text{für } k \leq n_1 \quad (4.2a) \\[2ex] a_{B1} n_1 T + a_{B2}(k-n_1)T & \text{für } n_1 < k \leq n_2 \quad (4.2b) \end{cases}$$

Konstantphase ($v_B = v_S$):

$$v_B(k) = v_S \qquad \text{für } n_1 + n_2 < k \leq n_1 + n_2 + n_3 \tag{4.3}$$

Bremsphase ($kT \geq T_B$ oder $v_B > v_S$ bei Override-Änderung):

$$
v_B(k) = \begin{cases}
a_{B1}n_1 T + a_{B2}(n_1 + 2n_2 + n_3 + 1 - k)T \\
\quad \text{für } n_1 + n_2 + n_3 < k \leq n_1 + 2n_2 + n_3 + 1 & (4.4a) \\
\\
a_{B1}(2n_1 + 2n_2 + n_3 + 1 - k)T \\
\quad \text{für } n_1 + 2n_2 + n_3 + 1 < k \leq 2n_1 + 2n_2 + n_3 + 1 & (4.4b)
\end{cases}
$$

Dieselbe Gliederung ergibt sich für das **rekursive Verfahren.**
Hier werden noch die Geschwindigkeitsschritte gemäß

$$\Delta v_1 = a_{B1} T \qquad (4.5a)$$

$$\Delta v_2 = a_{B2} T \qquad (4.5b)$$

benötigt.

Beschleunigungsphase ($v_B < v_S$, auch bei Override-Änderung):

$$
v_B(k) = \begin{cases}
v_B(k-1) + \Delta v_1 & \text{für } k \leq n_1 & (4.6a) \\
\\
v_B(k-1) + \Delta v_2 & \text{für } n_1 < k \leq n_2 & (4.6b)
\end{cases}
$$

Konstantphase ($v_B = v_S$):

$$v_B(k) = v_S \qquad \text{für } n_1 + n_2 < k \leq n_1 + n_2 + n_3 \qquad (4.7)$$

Bremsphase ($kT \geq T_B$ oder $v_B > v_S$ bei Override-Änderung):

$$
v_B(k) = \begin{cases}
v_B(n_1+n_2) & \text{für } k = n_1+n_2+n_3+1 & (4.8a) \\[2ex]
v_B(k-1) - \Delta v_2 & & (4.8b) \\
\quad \text{für } n_1+n_2+n_3+1 < k \leq n_1+2n_2+n_3+1 \\[2ex]
v_B(k-1) - \Delta v_1 & & (4.8c) \\
\quad \text{für } n_1+n_2+n_3+1 < k \leq 2n_1+2n_2+n_3+1
\end{cases}
$$

Vorteil des rekursiven Verfahrens ist der sehr einfache Algorithmus, der für die Beschleunigungs- und Bremsphase mit je einer Addition bzw. Subtraktion auskommt. Eine Aufsummierung von Fehlern aufgrund endlicher Genauigkeit bei der Angabe der Werte für Δv_1 und Δv_2 ist ohne Bedeutung, da hierdurch lediglich die Bahnbeschleunigung eine Abweichung aufweisen kann. Eine Einschränkung des rekursiven Verfahrens ist die Notwendigkeit einer symmetrischen Beschleunigungs- und Bremsrampe.

Die direkte Funktionsberechnung erlaubt unterschiedliche Beschleunigungswerte für die beiden Rampen, bedingt jedoch durch Multiplikationen einen erhöhten Rechenzeitbedarf. Wird für die Bahngeschwindigkeit v_B als Einheit 1 mm/min festgelegt, so läßt sich mit einer Datenbreite von 16 bit eine maximale Geschwindigkeit von rund 65 m/min darstellen. Reicht dieser Vorschubwert nicht aus, so muß auf eine 32 bit-Darstellung übergegangen werden. Bei Verwendung eines 16 bit-Mikroprozessors wird dann das direkte Berechnen durch erforderlich werdende Doppelwort-Multiplikationen rechenzeitintensiv.

Da beide Algorithmen die Overrideverarbeitung gemäß <u>Bild 4.3</u> durchführen können und da die Einschränkung der symmetrischen Beschleunigungs- und Bremsrampe i.a. akzeptabel ist, wird für die folgenden Betrachtungen das rekursive Verfahren zur Erzeugung des Geschwindigkeitsverlaufs zugrunde gelegt.

4.2.2 Ermittlung des Bremszeitpunktes

Unabhängig vom gewählten Verfahren besteht die Notwendigkeit, den Bremszeitpunkt T_B zu ermitteln (Bild 4.4). Bei symmetrischer Beschleunigungs- und Bremsrampe sind die jeweils benötigten Wege gleich groß. Wird beim Beschleunigen der zurückgelegte Weg immer aktualisiert, so ist stets der für die aktuelle Bahngeschwindigkeit erforderliche Bremsweg s_B auch bekannt. Dieser Weg entspricht der Fläche in Bild 4.4, die durch den Verlauf von v_B, der Zeitachse und der Senkrechten durch den jeweiligen Wert kT ($k \leq n_1 + n_2$) aufgespannt wird.

Für den Bremsweg s_B lassen sich wiederum ein direktes und ein rekursives Berechnungsverfahren angeben. Nach dem **direkten Verfahren** gilt:

$$s_B(k) = \begin{cases} 0,5k(k+1)T^2 a_{B1} & \text{für } k \leq n_1 & (4.9a) \\[2em] 0,5n_1(2k-n_1+1)T^2 a_{B1} \\ + 0,5(k-n_1)T^2 a_{B2} & \text{für } n_1 < k \leq n_1 + n_2 & (4.9b) \end{cases}$$

Das **rekursive Verfahren** ist sehr einfach, da hier nur jeweils das Produkt aus aktueller Bahngeschwindigkeit v_B und Abtastzeit addiert werden muß:

$$s_B(k) = s_B(k-1) + v_B(k)T \qquad \text{für } k \leq n_1 + n_2 \qquad (4.10)$$

Beide Verfahren vereinfachen sich, wenn der Bremsweg s_B auf die Abtastzeit T normiert wird, auf die Beziehungen:

$$s_{BN}(k) = \begin{cases} 0,5k(k+1)Ta_{B1} & \text{für } k \leq n_1 \qquad (4.11a) \\[2em] 0,5n_1(2k-n_1+1)Ta_{B1} \\ + 0,5(k-n_1)(k-n_1+1)Ta_{B2} & \text{für } n_1 < k \leq n_1+n_2 \quad (4.11b) \end{cases}$$

$$s_{BN}(k) = s_{BN}(k-1) + v_B(k) \qquad \text{für } k \leq n_1+n_2 \qquad (4.12)$$

Auch hier soll aufgrund der einfacheren Berechnungsmethode im folgenden das rekursive Verfahren vorausgesetzt werden.

Als Vergleichskriterium für den Bremsweg zur Bestimmung des Bremszeitpunktes T_B ist nun der restliche bezogene Verfahrweg s_{NC} eines NC-Satzes erforderlich, der von der Interpolation ebenfalls auf die Abtastzeit normiert wird (siehe Abschnitt 4.3). Damit ist unabhängig von der gewählten Interpolationsart ein einheitliches Kriterium zur Erkennung des Bremszeitpunktes und des NC-Satz-Endes geschaffen worden.

4.2.3 Restwegstrategie am NC-Satz-Ende

Der Beginn und Verlauf der Bremsphase in __Bild 4.4__ ist idealisiert dargestellt. Der Bremszeitpunkt T_B fällt i.a. nicht auf einen Abtastzeitpunkt kT. Dadurch entsteht eine Unschärfe beim Erkennen des Bremszeitpunktes durch die Sollwertbeeinflussung, die maximal einem Weg von

$$s_R = v_B(k) \, T \qquad (4.13)$$

entspricht. Nach /34/ erfolgt die Ausgabe dieses Weges während der Bremsphase einmalig dann, wenn die erforderliche Geschwindigkeit zwischen zwei benachbarten Geschwindigkeitsstufen liegt. Dadurch verlängert sich die Zeit zum Abfahren der Bremsrampe um genau einen Takt.

4.3 <u>Algorithmen zur Sollwerterzeugung</u>

Gemäß der getroffenen Aufgabenverteilung verbleibt für die Sollwerterzeugung die sogenannte Interpolationsvorbereitung mit Plausibilitätskontrollen und der Berechnung konstanter Größen /13/, die Ausführung des reinen Interpolationsalgorithmus sowie die Ausgabe von Lagesollwerten an die Lageregelung.

Für die üblichen Interpolationsarten Geraden- und Kreisinterpolation ist der Nachweis zu erbringen, daß mit der Vorgabe der aktuellen Bahngeschwindigkeit v_B, die jeweils für die Dauer des Abtastzeitrasters gültig ist, und durch die Rückmeldung des auf die Abtastzeit normierten restlichen bezogenen Verfahrweges s_{NC} die geforderten Funktionen erfüllt werden können.

Zunächst sind geeignete Interpolationsverfahren auszuwählen. Üblicherweise wird die Geradeninterpolation in direkter Funktionsberechnung ausgeführt. Für die Kreisinterpolation wird in /13/ eine zweistufige Interpolation (<u>Bild 4.2a</u>) mit rekursiver Funktionsberechnung vorgeschlagen. Grund hierfür war die zu diesem Zeitpunkt vergleichsweise niedrige Rechenleistung der verfügbaren Mikroprozessoren.

Die Nachteile der zweistufigen Interpolation sind neben dem großen Programmumfang vor allem in einem eingeschränkten Vorschub-Bereich und in der Tatsache zu sehen, daß die Feininterpolation, wenn sie die geforderte Änderung des Vorschub-Overrides zu jedem beliebigen Zeitpunkt zuläßt, am Ende jedes Grobsollwertsatzes einen Restwegausgleich durchführen muß. Hinzu kommt der prinzipielle Nachteil der Fehleraufsummierung bei rekursiven Verfahren.

Für die folgenden Betrachtungen wird deshalb die Realisierung der Kreisinterpolation ebenfalls nach dem Verfahren der direkten Funktionsberechnung /13/ zugrunde gelegt. Die dabei für jeden Interpolationsabschnitt erforderlichen Sinus- und Cosinus-Berechnungen werden durch entsprechende Mikroprozessoren direkt unterstützt.

4.3.1 Geradeninterpolation

Für die Geradeninterpolation sind damit im wesentlichen folgende Algorithmen einzusetzen, wenn vom programmierten Vorschub v_P und den zu verfahrenden Wegen (z.B. s_X, s_Y und s_Z für drei Bahnachsen und s_{Mi} für Mitschleppachsen) als Eingangsgrößen ausgegangen wird:

Interpolationsvorbereitung Gerade:

Programmierte Bahnlänge: $\quad s_P = \sqrt{s_X{}^2 + s_Y{}^2 + s_Z{}^2}$ $\qquad$ (4.14)

Bezogener Verfahrweg:
$$s_{NC} = \frac{s_P}{T} \qquad (4.15)$$

Konstanten für Geradeninterpolation:

$$K_{GX} = \frac{s_X}{s_P} T \quad (4.16a) \qquad\qquad K_{GY} = \frac{s_Y}{s_P} T \quad (4.16b)$$

$$K_{GZ} = \frac{s_Z}{s_P} T \quad (4.16c) \qquad\qquad K_{GMi} = \frac{s_{Mi}}{s_P} T \quad (4.16d)$$

Es fallen weitere Berechnungen und Prüfungen an, die jedoch für die Schnittstellenbetrachtung nicht relevant sind und deshalb nicht näher untersucht werden.

Interpolation Gerade:

Es gilt für die Länge des Bahnabschnitts, die während einer Abtastzeit T mit programmiertem Vorschub v_P durchfahren wird:

$$\Delta s_P = v_P T \qquad (4.17)$$

Bei Berücksichtigung der Sollwertbeeinflussung gilt:

$$\Delta s_B = v_B T \qquad (4.18)$$

Für die Achswege ergibt sich damit:

$$\frac{\Delta s_X}{s_X} = \frac{\Delta s_Y}{s_Y} = \frac{\Delta s_Z}{s_Z} = \frac{\Delta s_{Mi}}{s_{Mi}} = \frac{\Delta s_B}{s_P}$$

Mit (4.18) und (4.16) folgt für den relativen Verfahrweg pro Achse:

$$\Delta s_X = v_B \, K_{GX} \qquad (4.19a) \qquad \Delta s_Y = v_B \, K_{GY} \qquad (4.19b)$$

$$\Delta s_Z = v_B \, K_{GZ} \qquad (4.19c) \qquad \Delta s_{Mi} = v_B \, K_{GMi} \qquad (4.19d)$$

Für den restlichen bezogenen Verfahrweg s_{NC} ergibt sich aufgrund der gewählten Darstellung die einfache Aktualisierung:

$$s_{NC} := s_{NC} - v_B \qquad (4.20)$$

4.3.2 Kreisinterpolation

Für die Eingangsgrößen der Kreisinterpolation gilt das für die Geradeninterpolation Gesagte, zusätzlich benötigt die Kreisinterpolation die Koordinaten des Kreismittelpunktes (x_M, y_M, z_M) sowie gemäß DIN 66025 Angaben über Drehsinn

(G02, G03) und Interpolationsebene (G17, G18, G19). Hier wird aus Aufwandsgründen nur die Interpolation in der xy-Ebene betrachtet, die übrigen Ebenen können durch eine Ebenenumschaltung vor und nach der Interpolation einfach bedient werden. Die jeweils dritte Achse kann wie weitere Achsen mitgeschleppt werden.

Interpolationsvorbereitung Kreis:

Bestimmung des Radius r aus Anfangs- und Mittelpunkt der Bewegung (Bild 4.5).

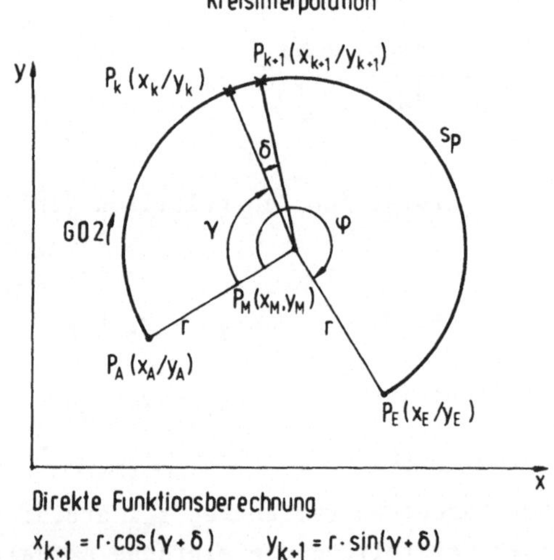

__Bild 4.5:__ Kreisinterpolation mit direkter Funktionsberechnung

$$r = \sqrt{(x_M - x_A)^2 + (y_M - y_A)^2} \qquad\qquad (4.21)$$

Programmierte Bahnlänge:

$$\frac{\varphi}{2\pi} = \frac{s_P}{2\pi r} \qquad \longrightarrow \qquad s_P = \varphi\, r \qquad\qquad (4.22)$$

φ bestimmt sich aus Anfangswinkel (α) und Endwinkel (β) der Bewegung. <u>Bild 4.6</u> zeigt die Bestimmung von φ für den Fall, daß die Winkel aufgrund des eingesetzten Arithmetikprozessors den Wert $\pi/4$ nicht überschreiten dürfen. In <u>Bild 4.6</u> wurde der Koordinatenursprung in den Kreismittelpunkt gelegt.

Bezogener Verfahrweg:

$$s_{NC} = \frac{\varphi r}{T} \tag{4.23}$$

Die allgemeinen Interpolationsgleichungen lauten nach <u>Bild 4.5:</u>

$$x_{k+1} = r \cos (\gamma + \delta) \tag{4.24a}$$

$$y_{k+1} = r \sin (\gamma + \delta) \tag{4.24b}$$

Für den Winkelschritt δ pro Abtastzeittakt gilt:

$$\delta = \frac{v_P T}{r} \tag{4.25}$$

Damit können analog zur Geradeninterpolation Interpolationskonstanten bestimmt werden:

$$(4.25) \longrightarrow \quad K_K = \frac{T}{r} \tag{4.26a}$$

$$K_{KZ} = \frac{s_Z}{s_P} T \tag{4.26b}$$

$$K_{KMi} = \frac{s_{Mi}}{s_P} T \tag{4.26c}$$

Entsprechend zur Interpolationsvorbereitung Gerade werden weitere notwendige Berechnungen, die für die Schnittstelle nicht relevant sind, nicht näher betrachtet.

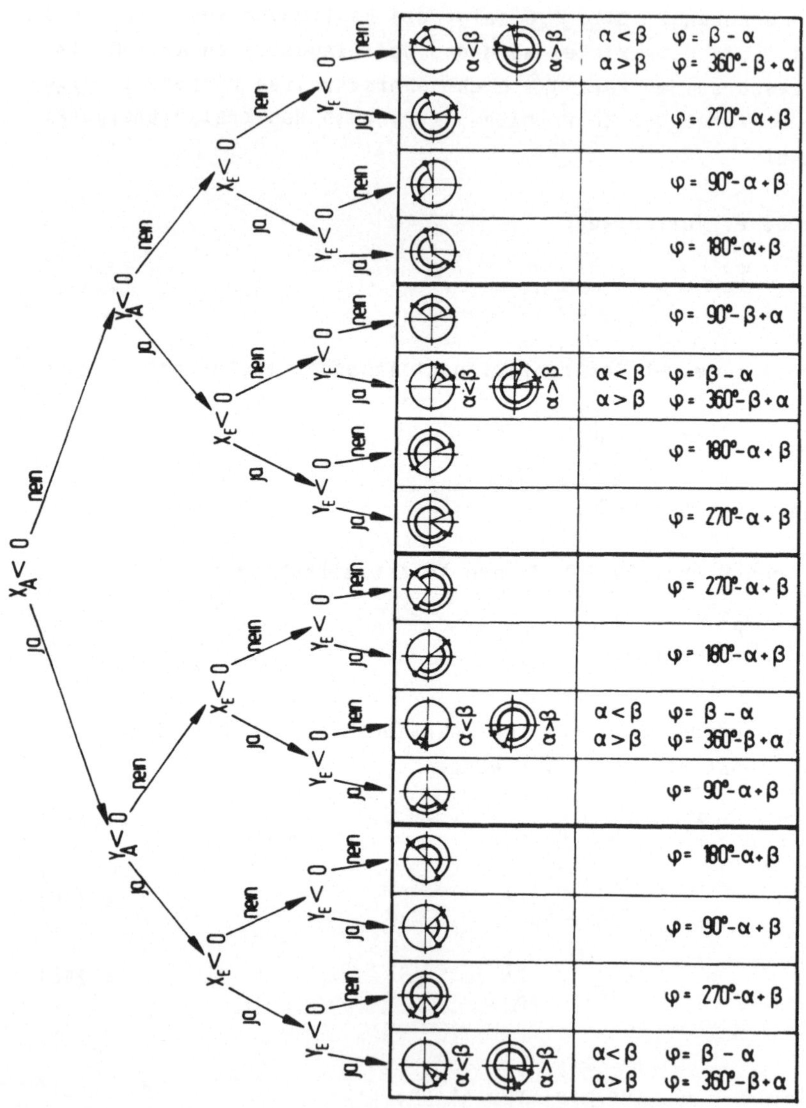

Bild 4.6: Bestimmung des Gesamtwinkels φ (Beispiel)

Interpolation Kreis:

Der aktuelle Winkelschritt δ_B bestimmt sich nach Gleichung (4.25) und (4.26a) zu:

$$\delta_B = v_B \, K_K \tag{4.27}$$

Die Koordinaten des Stützpunktes werden gemäß Gleichung (4.24) ermittelt, die Verfahrwege ergeben sich zu:

$$\Delta s_X = x_{K+1} - x_K \tag{4.28a}$$

$$\Delta s_Y = y_{K+1} - y_K \tag{4.28b}$$

$$\Delta s_Z = v_B \, K_{KZ} \tag{4.28c}$$

$$\Delta s_{Mi} = v_B \, K_{KMi} \tag{4.28d}$$

Für die Aktualisierung des NC-Satz-Endekriteriums in Form des restlichen bezogenen Verfahrwegs gilt Gleichung (4.20).

Die in Abschnitt 4.1 vorgeschlagene Aufgabenverteilung hat sich aufgrund der vorstehend genannten Algorithmen für die Geraden- und Kreisinterpolation als durchführbar erwiesen. Sie läßt sich auch auf weitere Interpolationsarten anwenden, beispielsweise auf die Parabelinterpolation.

Die Einzelfunktion Lageregelung wurde bereits in verschiedenen Arbeiten untersucht /12, 34/ und wird aufgrund der eindeutigen Aufgabenstellung hier in ihrer Funktion nicht näher betrachtet.

4.4 Koordinierung der Einzelfunktionen zur Bahnerzeugung

In Abschnitt 4.1 wurden die Aufgaben diskutiert, die direkt mit der Bahnerzeugung verknüpft sind. Bild 4.7 zeigt den Datenfluß zwischen den genannten Einzelfunktionen bei einer Bahnsteuerung mit Geraden- und Kreisinterpolation. Hier wurde die Einzelfunktion NC-Satz-Interpretation zusätzlich eingeführt. Ihre Aufgabe ist es, NC-Sätze aus der Eingabeschnittstelle auszulesen, sie hinsichtlich angegebener Interpolationsart zu interpretieren und an die entsprechenden Einzelfunktionen der Algorithmusebene weiterzuleiten. Eine programmtechnische Realisierung erfordert jedoch neben den eigentlichen Algorithmen zur Bahnerzeugung auch Funktionsprogramme auf der Logikebene, die durch den Aufruf von Einzelfunktionen der Algorithmusebene den gewünschten zeitlichen Ablauf erzeugen. Für den Entwurf solcher Funktionsprogramme ist zunächst zu diskutieren, inwieweit ein zeitlich festgekoppeltes System, d.h. ein in zeitlicher Reihenfolge festgelegter Aufruf von Einzelfunktionen erforderlich bzw. sinnvoll ist. In Bild 4.8 ist am Beispiel der Abarbeitung zweier NC-Sätze mit Kreis- bzw. Geradeninterpolation der Ablauf in einem festgekoppelten System dargestellt. Der Vorteil eines solchen Systems ist in der übersichtlichen Programmierung und der einfachen Synchronisation zwischen den Einzelfunktionen zu sehen. Der Einsatz der Zustandsgraphentechnik beinhaltet in der Regel bereits die Synchronisation.
Nachteilig ist beim festgekoppelten System, daß die längste erforderliche Rechenzeit zur Abarbeitung eines Zustandes den maximal möglichen Lageregeltakt bestimmt /35/. Dadurch ergeben sich Totzeiten für den Mikroprozessor (Bild 4.9a). Ein weiterer gravierender Nachteil eines solchen Systems ist die Forderung, daß bei kontinuierlichem Abarbeiten von NC-Sätzen ohne Stopp am Satzende der letzte NC-Satz so beschaffen sein muß, daß er eine Bremsung gemäß Bild 4.4 zuläßt, da im festgekoppelten System nach Bild 4.8 nur ein NC-Satz jeweils bekannt ist.

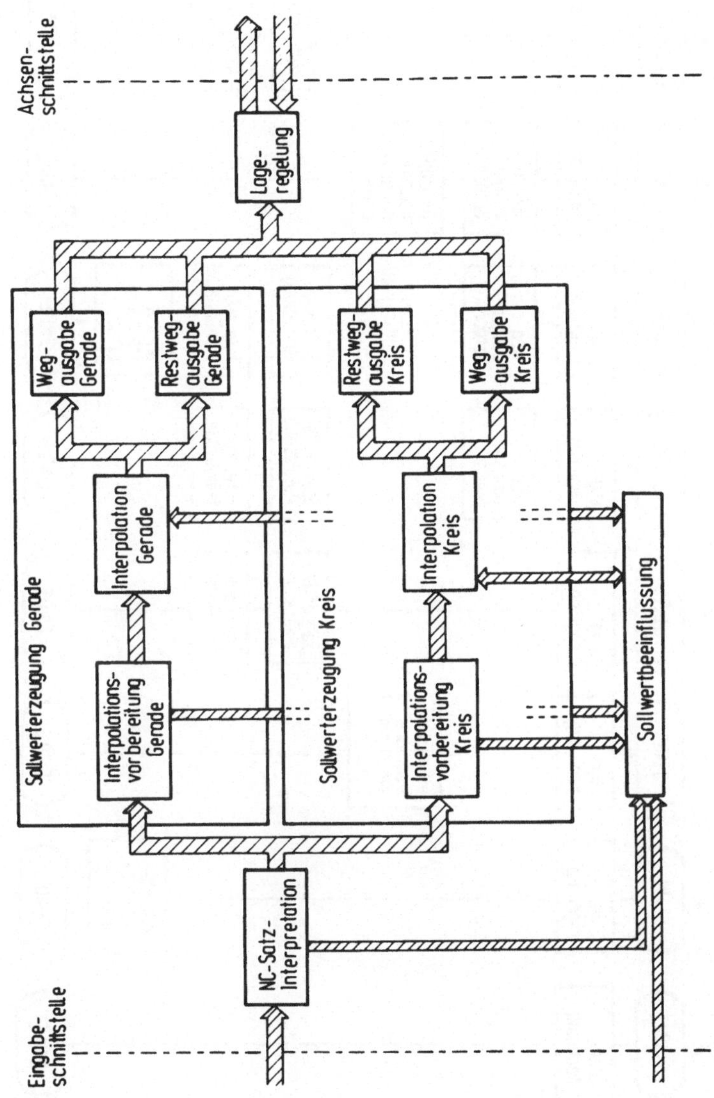

Bild 4.7: Datenfluß zwischen den Grundfunktionen einer Bahnsteuerung

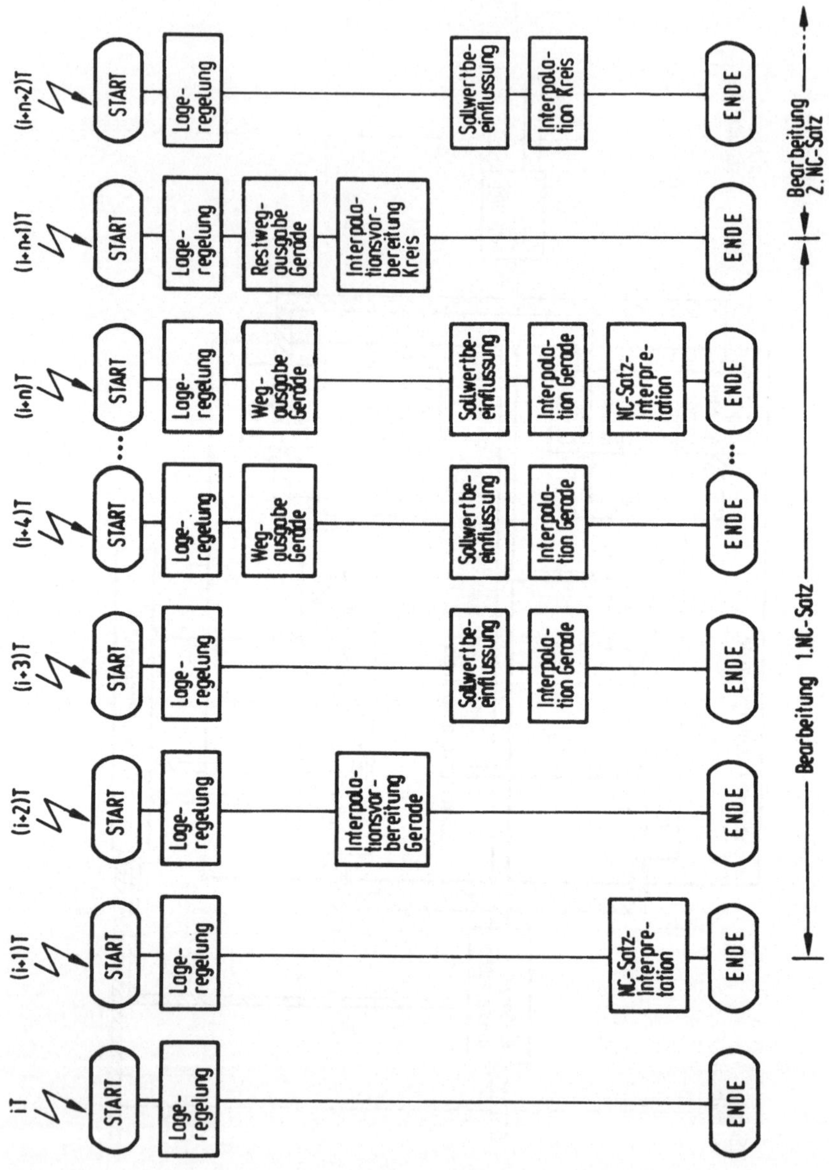

Bild 4.8: Beispiel für den zeitlich festgekoppelten Ablauf der einzelnen Funktionen zur Bahnerzeugung

Wünschenswert wäre deshalb ein nur teilweise festgekoppeltes System, das zum einen eine bessere Prozessorauslastung gemäß __Bild 4.9b__ erlaubt und zum anderen so angelegt ist, daß mehrere NC-Sätze in die Bildung der Bremsbedingung einbezogen werden können (auf den hierfür erforderlichen Algorithmus soll nicht näher eingegangen werden).

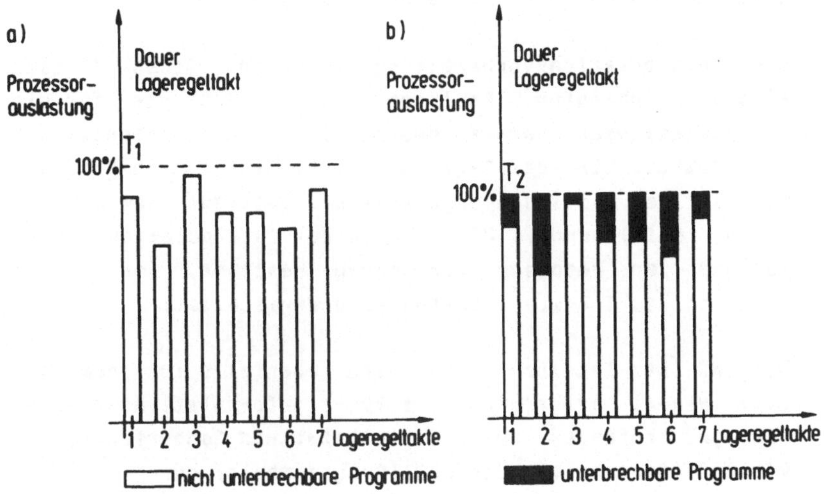

__Bild 4.9:__ Verbesserung der Prozessorauslastung durch unterbrechbare Programme

Eine Analyse der zeitlichen Anforderungen an die Einzelfunktionen der Algorithmusebene führt zu folgenden Ergebnissen:

- Die Lageregelung ist grundsätzlich mit einem konstanten Zeitraster aufzurufen.

- Die Interpolation erzeugt für jeden Lageregeltakt einen neuen Lagesollwert pro Achse, sofern ein NC-Satz für diese Achse bearbeitet wird. Dieser Wert wird durch Weg- oder Restwegausgabe an die Lageregelung weitergereicht. (Die Restwegausgabe gibt den Restweg als zusätzlichen Lagesollwert für einen weiteren Lageregeltakt aus.)

- Die Sollwertbeeinflussung stellt für jeden Lageregeltakt der Interpolation den aktuellen Vorschub zur Verfügung, sofern ein NC-Satz bearbeitet wird.

- Die Interpolationsvorbereitung wird für jeden NC-Satz einmal durchlaufen. Analysen zeigen, daß sie für die Interpolationsart Kreis besonders rechenzeitintensiv ist und deshalb in der Regel bei einem System nach **Bild 4.8** den maximal möglichen Lageregeltakt bestimmt. Gemäß Gleichung (4.15) und (4.23) wird in der Interpolationsvorbereitung der bezogene Verfahrweg bestimmt, der für das Erkennen des Bremszeitpunktes erforderlich ist.

- Die NC-Satz-Interpretation wird ebenfalls für jeden NC-Satz einmal aufgerufen. Sie führt interpolationsartunabhängige Prüfungen auf Plausibilität und Sonderfunktionen wie G60 (Genauhalt) oder M00 (Programmhalt) durch.

Die möglichen Schnittstellen zwischen einem festgekoppelten und einem lose gekoppelten System zeigt **Bild 4.10**. Im folgenden werden die einzelnen Schnittstellen diskutiert:

- Schnittstelle 1:
  Diese Lösung würde die NC-Satz-Interpretation als lose gekoppelt vorsehen. Nachteilig ist, daß die rechenzeitintensive Interpolationsvorbereitung noch festgekoppelt läuft und daß Teile der Vorbereitung zur Berechnung des bezogenen Verfahrwegs zusätzlich in der NC-Satz-Interpretation realisiert werden müßten.

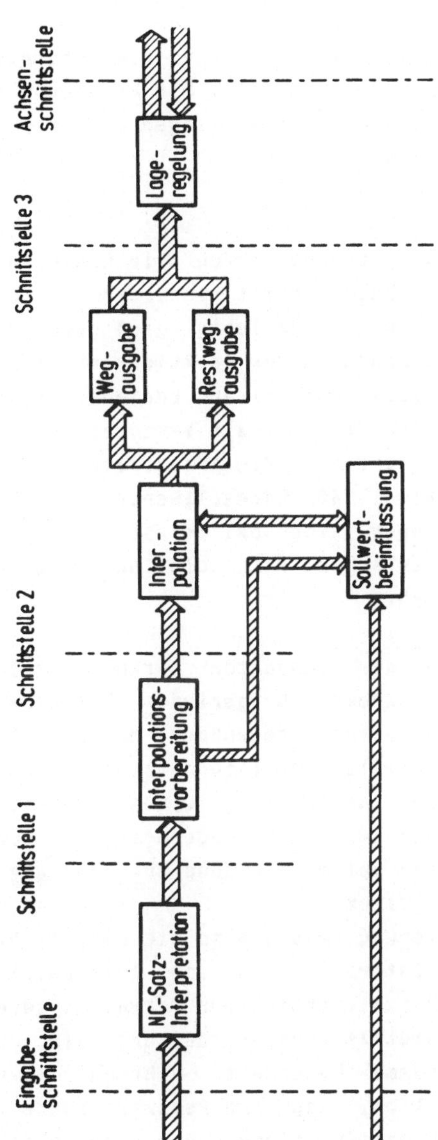

Bild 4.10: Mögliche Schnittstellen zwischen lose und festgekoppeltem System

- Schnittstelle 2:

Die NC-Satz-Interpretation und die Interpolationsvorbereitung laufen lose gekoppelt. Die Forderung nach Erhöhung des Lageregeltaktes und Vorliegen mehrerer vorbereiteter NC-Sätze ist erfüllt.

- Schnittstelle 3:

Außer der Lageregelung laufen alle Einzelfunktionen lose gekoppelt. Zu beachten ist hier, daß die Schnittstelle 3 (FIFO-Prinzip) nicht beliebig groß gewählt werden kann, da die Verzögerung in der Reaktion auf eine Änderung des Vorschub-Overrides für einen Bediener nicht wahrnehmbar sein darf. Wird die maximale Verzögerung z.B. mit 200 ms angesetzt und beträgt die Abtastrate z.B. 5 ms, so darf der FIFO maximal 40 Lagesollwerte pro Achse aufnehmen. Nachteile ergeben sich bei dieser Lösung für eine Synchronisation zwischen Interpolation und Lageregelung bei Referenzpunktfahrt.

Die Auswertung der genannten Merkmale zeigt, daß die Schnittstelle 1 wegen zu geringer Vorteile ausscheidet. Schnittstelle 3 bringt gegenüber der Schnittstelle 2 nur zusätzliche Nachteile, da Interpolation und Sollwertbeeinflussung bei der Abarbeitung eines NC-Satzes ebenso oft aufgerufen werden wie die Lageregelung. Schnittstelle 2 bietet also die optimale Lösung zur Trennung von lose und festgekoppeltem System.
In der Realisierung werden also die Einzel- bzw. Teilfunktionen NC-Satz-Interpretation und Interpolationsvorbereitung von einer Einzelfunktion der Verwaltungsebene des Funktionsblocks Geometriedatenverarbeitung als unterbrechbare Hintergrundprogramme behandelt, während Sollwertbeeinflussung, Interpolation, Weg- und Restwegausgabe sowie Lageregelung durch Einzelfunktionen der Logikebene aufgerufen werden. Dazu wird die Einzelfunktion Zielpunktfahrt für Punkt-, Strecken- und Bahnsteuerungsbetrieb sowie die Einzelfunktion Referenzpunktfahrt eingeführt.

5 Entwurf eines Funktionsblocks Geometriedatenverarbeitung

Unter Einbeziehung der in Kapitel 3 getroffenen allgemeinen Festlegungen hinsichtlich Strukturen in einem Funktionsblock wird im folgenden der strukturelle Entwurf eines Funktionsblocks Geometriedatenverarbeitung durchgeführt. Dazu werden die Aufgaben von Beauftragbaren Funktionen und Einzelfunktionen gemäß den in Abschnitt 2.2 genannten Steuerungsarten und Funktionen definiert.

5.1 Funktionsumfang einer Grundversion

Ziel der Überlegungen in Kapitel 3 war es, eine Struktur zu finden, die stark funktionsorientiert ist und damit die Einbringung neuer Funktionen in einen bestehenden Funktionsblock mit geringem Aufwand ermöglicht. Aus diesem Grunde kann sich dieses Kapitel darauf beschränken, die für eine Grundversion erforderlichen Funktionen zu beschreiben. Der Steuerungshersteller als Anwender dieses Funktionsblockes ist dann in der Lage, seine spezifisch erforderlichen Funktionen und Abläufe integrieren zu können.

Tabelle 5.1 beschreibt die Steuerungsarten und zugehörigen Funktionen gemäß den in Abschnitt 2.2.5 aufgestellten Anforderungen. Wesentliche Eigenschaft eines Funktionsblocks Geometriedatenverarbeitung ist die Möglichkeit, alle Steuerungsarten - auch mehrmals für unterschiedliche Achsen bzw. Achsgruppen - zur Verfügung stellen zu können.

Insbesondere für die Aufstellung Beauftragbarer Funktionen ist hierbei die Abstimmung der Bewegungsabläufe wichtig. Der Bewegungsstart für Streckenachsen muß üblicherweise unabhängig voneinander erfolgen können. Dasselbe gilt für mehrere Gruppen von Bahnachsen. Innerhalb von Bahnachsen beginnt die Bewegung funktionsbedingt immer gleichzeitig, Punktsteuerung und Referenzpunktfahrt sind i.a. keine selb-

Steuerungs-arten	Steuerungsfunktionen	Einsatz	Forderung an Bewegungsablauf
Punkt-steuerung	Sollwerterzeugung Sollwertbeeinflussung Lageregelung Korrekturfunktionen Überwachungsfunktionen	Für alle Achsen eines FB GEO.	Bewegungsstart innerhalb von Bahnachsen gleichzeitig, sonst unabhängig voneinander
Strecken-steuerung	Sollwerterzeugung Sollwertbeeinflussung Lageregelung Korrekturfunktionen Überwachungsfunktionen	Für Einzelachsen, bezeichnet als Streckenachse. Mehrere unabhängige Streckenachsen in einem FB GEO möglich.	Bewegungsstart unabhängig von weiteren Streckenachsen und Bahnachsen.
Bahn-steuerung	Sollwerterzeugung Sollwertbeeinflussung Lageregelung Korrekturfunktionen Überwachungsfunktionen	Für maximal 3 Bahnachsen zuzüglich Mitschleppachsen. Mehrere unabhängige Gruppen von Bahnachsen in einem FB GEO möglich.	Bewegungsstart unabhängig von weiteren Gruppen von Bahnachsen und Streckenachsen
Referenz-punktfahrt	Sollwerterzeugung Sollwertbeeinflussung Lageregelung Überwachungsfunktionen	Für alle Achsen eines FB GEO.	Bewegungsstart innerhalb von Bahnachsen abhängig voneinander, sonst unabhängig.

<u>Tabelle 5.1:</u> Funktionsumfang der Grundversion eines Funktionsblocks Geometriedatenverarbeitung (FB GEO)

ständigen Steuerungsarten, d.h. sie bedienen in ergänzender
Weise Achsen, die im Strecken- oder Bahnsteuerungsverhalten
gefahren werden und sind deshalb als ergänzende Steuerungsarten zu bezeichnen. Entsprechend wird der Bewegungsablauf
beeinflußt (Tabelle 5.1).

5.2 Bildung Beauftragbarer Funktionen

Die vorstehend genannten Funktionen sollen nun auf Beauftragbare Funktionen abgebildet werden. Dazu sind zunächst
Kriterien für eine solche Abbildung zu ermitteln.

Merkmal einer Beauftragbaren Funktion ist das Starten,
Stoppen, Fortsetzen und Abbrechen von Funktionen über ent-
sprechende Aufträge /7/. Da für jede Beauftragbare Funktion
jedoch auf einen Startauftrag jeweils nur ein Stopp- oder
Abbruchauftrag folgen kann, ist eine zeitlich versetzte
Beauftragung von nebeneinander ablaufenden Funktionen über
den zugehörenden Steuerblock ausgeschlossen. Ein Ausweg wäre
die implizite Auftragsvergabe über das Gültigsetzen von
Anwenderdaten in entsprechenden Datenblöcken (SATZ, STRING,
FIFO). Da diese Auftragsvergabe jedoch den Zweck der
Schnittstellenvereinbarungen unterlaufen würde, soll sie
nicht weiter betrachtet werden.

Eine Beauftragbare Funktion kann mehrere Funktionen aus-
üben, die jedoch nicht zeitlich versetzt nebeneinander ablaufen können, sondern entweder gemeinsam oder nur nacheinander und damit sich gegenseitig ausschließend beauftragt werden können. Eine Funktionsauswahl kann bei der
Erteilung eines Auftrages über den Modifikator erfolgen /7/.

Die in /16/ aufgestellte Forderung nach Programmeinheiten
mit abgeschlossenem Funktionsumfang und geringem Datenaustausch gilt insbesondere auch für eine Beauftragbare Funktion.

5.2.1 Beauftragbare Funktionen zur Achsbewegung

Nach <u>Tabelle 5.1</u> bietet sich eine Zuordnung von Steuerungsarten zu Beauftragbaren Funktionen an (<u>Bild 5.1</u>). Die Forderung nach frei wählbarem Bewegungsstart bei Strecken- und

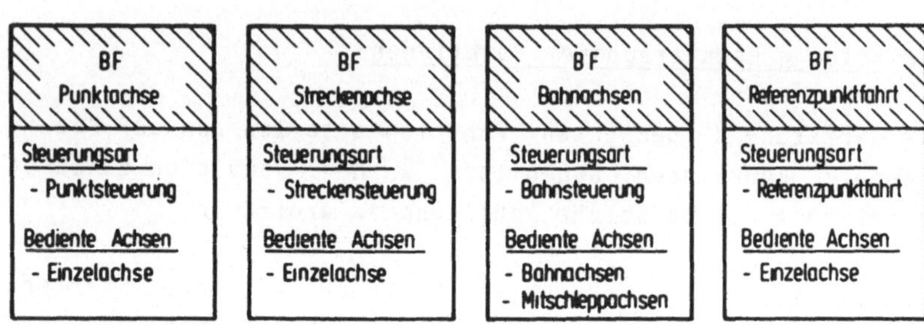

<u>Bild 5.1:</u> Bildung Beauftragbarer Funktionen nach Steuerungs-
arten

Punktsteuerung sowie bei Referenzpunktfahrt (ausgenommen
Bahn- und Mitschleppachsen bei den beiden letztgenannten
Steuerungsarten) führt dazu, daß die zugehörenden Beauftragbaren Funktionen jeweils nur eine Achse bedienen können.
Nachteilig an der in <u>Bild 5.1</u> gewählten Aufteilung ist deshalb die große Anzahl Beauftragbarer Funktionen, die sich
bei einer entsprechenden Menge von Einzelachsen und Bahnachsen ergeben kann.

Nachdem selbständige und ergänzende Steuerungsarten auf
dieselben Achsen wirken können, sich aber gegenseitig aus-
schließen, ist auch eine achsenorientierte Aufteilung der
Steuerungsarten auf Beauftragbare Funktionen denkbar. Nach
<u>Bild 5.2</u> werden die Beauftragbaren Funktionen nach der selb-
ständigen Steuerungsart benannt, beinhalten aber auch die
ergänzenden Steuerungsarten. Mit dieser Aufteilung ist auch
den Anforderungen an den Bewegungsablauf nach <u>Tabelle 5.1</u>

<u>Bild 5.2:</u> Achsenorientierte Bildung Beauftragbarer Funktionen

genüge getan, wenn die Referenzpunktfahrt bei der Beauftragbaren Funktion Bahnachsen so ausgelegt wird, daß sie in allen Achsen gleichzeitig oder (auch in Achsgruppen) nacheinander erfolgen kann, und die Beauftragbare Funktion Streckensteuerung nur eine Achse bedient.

Der Vorteil der Aufteilung nach <u>Bild 5.2</u> gegenüber der in <u>Bild 5.1</u> dargestellten liegt im erheblich verringerten Schnittstellenaufwand durch die geringere Zahl möglicher Beauftragbarer Funktionen für die Achsbewegung. Die Zahl der Beauftragbaren Funktionen ist bei fester Zuordnung von Steuerungsarten zu Achsen maximal gleich der Anzahl von Achsen. Kennzeichnend für den Bewegungsablauf der Bahnsteuerung ist der gleichzeitige Bewegungsstart und -stopp für alle Bahnachsen. Deshalb kann jeweils nur eine der Bahnachsen mit Streckensteuerungsverhalten gefahren werden. Für bestimmte Einsatzfälle kann jedoch die Umschaltung einzelner Achsen von Bahnsteuerung auf Streckensteuerung und umgekehrt erforderlich werden. Diese Möglichkeit ist durch Zuordnung von Maschinenachsen zu Steuerungsarten über Parameter des Maschinendatensatzes vorzusehen (<u>Bild 5.3</u>). Mit jeder Bahnachse, die auf Streckensteuerung umgeschaltet werden soll, erhöht sich die Zahl der Beauftragbaren Funktionen durch die zusätzlich erforderliche Streckenachse zunächst um eins.

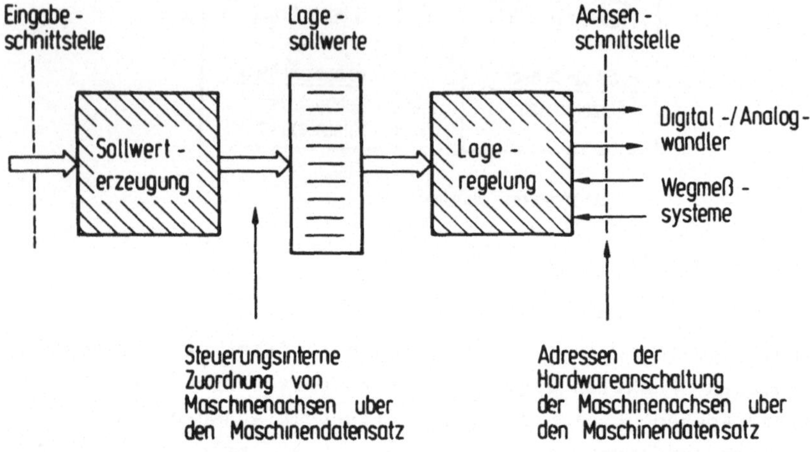

Bild 5.3: Zuordnung von Maschinenachsen zu Steuerungsachsen

Diese Umschaltmöglichkeit erlaubt jedoch auch eine Reduzierung von Beauftragbaren Funktionen. Schließt sich die Bewegung von Achsen der gleichen Steuerungsart (Streckensteuerung, Bahnsteuerung) gegenseitig zeitlich aus, so kann eine Umschaltung der Beauftragbaren Funktion auf die jeweils benötigte Maschinenachse oder -achsgruppe erfolgen.

Aufgrund des genannten Vorteils der Lösung nach **Bild 5.2** wird diese Einteilung in Beauftragbare Funktionen für die folgenden Betrachtungen zugrunde gelegt. Es soll an dieser Stelle noch darauf hingewiesen werden, daß die Beauftragbaren Funktionen zur Achsbewegung unabhängig voneinander mit Aufträgen versorgt werden können.

5.2.2 Beauftragbare Funktionen für Verwaltungsaufgaben

Neben den Beauftragbaren Funktionen zur Achsbewegung sind auch solche für Verwaltungsaufgaben erforderlich. Eine ausführliche Diskussion der Zuordnung solcher Aufgaben zu Beauftragbaren Funktionen soll an dieser Stelle nicht erfolgen. Im praktischen Einsatz von Funktionsblöcken zur Geometriedatenverarbeitung hat sich eine Unterteilung in drei Beauftragbare Funktionen als günstig erwiesen.

Neben der Vorgabe von Zielkoordinaten und Vorschub bestimmen weitere Faktoren den zeitlichen Ablauf einer Bewegung. Dazu gehören Vorschub-Override, Vorschub-Freigabe, Vorschub-Halt-Funktion usw. (siehe VDI 3422 /36/). Diese Faktoren können für jede Achse bzw. Achsgruppe getrennt angegeben werden, aber auch eine Eingabe, die für alle Achsen des Funktionsblocks Gültigkeit hat, ist durchaus wünschenswert. Die Erfassung, Auswertung und Verteilung dieser Eingaben werden der **Beauftragbaren Funktion Achsenverwaltung** zugeordnet. Ebenso werden hier Anzeigewerte bereitgestellt, die Positionswerte der Achsen sowie Zustände der einzelnen Steuerungsarten betreffen. Diese genannten Aufgaben erfordern den Start dieser Beauftragbaren Funktion unmittelbar nach der Initialisierung, der i.a. bis zum Abschalten der Steuerung seine Gültigkeit behält.

Das Einlesen der Parameter des Maschinendatensatzes und damit das Konfigurieren und Adressieren der einzelnen Achsen ist die Aufgabe einer eigenen **Beauftragbaren Funktion Maschinendatensatz**. Dabei ist es vorteilhaft, die Parameter derart zu definieren, daß sie für jede Achse getrennt eingelesen werden können. Auf die Aufteilung und Bedeutung der Parameter wird in Abschnitt 7.1.2 näher eingegangen.

Diagnosefunktionen werden über die **Beauftragbare Funktion Diagnose** angesprochen. Dabei kann in Anlauf-, On-line- und Off-line-Diagnose unterschieden werden. Die Anlaufdiagnose wird analog zum Lesen des Maschinendatensatzes bei der Initialisierungsphase direkt aufgerufen. Im Gegensatz zu allen anderen Beauftragbaren Funktionen ist die Diagnose teilweise hardwareorientiert und muß deshalb in der Regel an die gerätetechnischen Gegebenheiten angepaßt werden.

Bild 5.4 zeigt die damit eingeführten Beauftragbaren Funktionen eines Funktionsblocks Geometriedatenverarbeitung in der Grundversion mit den jeweils wesentlichen Aufgaben. Die Beauftragbaren Funktionen Maschinendatensatz, Achsenverwaltung und Diagnose sind stets Bestandteil eines solchen Funktionsblocks. Gemäß der steuerungstechnischen Aufgabenstellung können nun eine oder mehrere Beauftragbare Funktionen Streckenachse und Bahnachsen hinzukommen.

Ebenso ist die Erweiterbarkeit eines Funktionsblocks für spezielle Aufgaben um entsprechende Beauftragbare Funktionen gegeben.

5.3 Bildung von Einzelfunktionen

Für die in **Bild 5.4** genannten Beauftragbaren Funktionen werden in den folgenden Abschnitten die internen Strukturen mit den zugeordneten Einzelfunktionen festgelegt.

5.3.1 Einzelfunktionen der Beauftragbaren Funktion Achsenverwaltung

Die Beauftragbare Funktion Achsenverwaltung verfügt auf der Algorithmusebene aufgrund der genannten Aufgaben je über eine Einzelfunktion Bewegungsbeeinflussung und Anzeige (Tabelle 5.2). Da beide Einzelfunktionen zyklisch ohne gegenseitige Abhängigkeiten ablaufen, kann eine koordinierende Einzelfunktion der Logikebene entfallen. Für die Entgegennahme von Aufträgen ist auf der Steuerebene ein

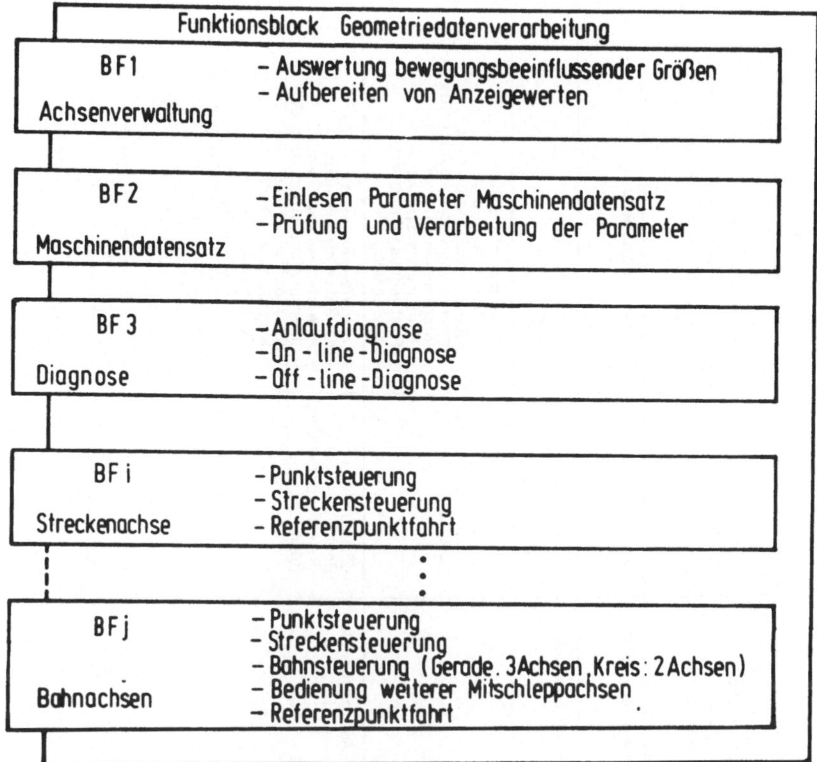

Bild 5.4: Beauftragbare Funktionen (BF) eines Funktionsblocks Geometriedatenverarbeitung

sogenannter Auftragshandler einzusetzen, der für alle Beauftragbaren Funktionen übernommen werden kann.

5.3.2 Einzelfunktionen der Beauftragbaren Funktion Maschinendatensatz

Zum Einlesen der Parameter des Maschinendatensatzes wird eine Einzelfunktion auf der Algorithmusebene eingesetzt (Tabelle 5.2). Weitere wesentliche Eigenschaften dieser Beauftragbaren Funktion sind die Prüfung der Parameter auf

Zuordnung	Ebene			
	Verwaltungsebene	Steuerebene	Logikebene	Algorithmusebene
BF Achsen-verwaltung		−Auftragshandler		−Bewegungsbeeinflussung −Anzeige
BF Maschinen-datensatz		−Auftragshandler	−Parameter-behandlung	−Einlesen Parameter
BF Diagnose		−Auftragshandler	−Anlaufdiagnose −On−line−Diagnose −Off−line−Diagnose	−Prüfsummentest −Speichertest −Trace usw.
BF Streckenachse			−Zielpunktfahrt Strecke −Referenzpunktfahrt Strecke	−Sollwertbeeinflussung −NC−Satz−Interpretation −Sollwerterzeugung Strecke .Interpolationsvorbereitung Strecke .Interpolation Strecke .Wegausgabe Strecke .Restwegausgabe Strecke −Lageregelung
BF Bahnachsen		−Auftragshandler	−Zielpunktfahrt Bahn −Referenzpunktfahrt Bahn	−Sollwertbeeinflussung −NC−Satz−Interpretation −Sollwerterzeugung Gerade .Interpolationsvorbereitung Gerade .Interpolation Gerade .Wegausgabe Gerade .Restwegausgabe Gerade −Sollwerterzeugung Kreis .Interpolationsvorbereitung Kreis .Interpolation Kreis .Wegausgabe Kreis .Restwegausgabe Kreis −Lageregelung
Funktions-block	−Echtzeitverwaltung −Hintergrundver-waltung	−Initialisierung	−Initialisierung Funktionsblock	−Fehlereintrag −Fehleranzeige

Tabelle 5.2: Einzelfunktionen des Funktionsblocks Geo-metriedatenverarbeitung

Plausibilität und erlaubte Wertebereiche sowie ggfs. eine Weiterverarbeitung (z.B. Berechnung von Interpolationskonstanten). Hierfür werden von der Einzelfunktion Parameterbehandlung der Logikebene die entsprechenden Teilfunktionen aus dem Initialisierungsbereich derjenigen Einzelfunktion aufgerufen, die durch die Parameter beeinflußt werden.

5.3.3 Einzelfunktionen der Beauftragbaren Funktion Diagnose

Diagnosefunktionen sind zur Geometriedatenverarbeitung direkt nicht erforderlich. Sie bilden jedoch eine wesentliche Ergänzung hinsichtlich der Wartbarkeit eines solchen Funktionsblocks. Die genauen Funktionen einer Beauftragbaren Funktion Diagnose hängen einerseits vom Konzept für die Diagnose innerhalb einer NC ab, andererseits von der gewählten Struktur und dem Aufbau der Hardware /11/. Deshalb soll in dieser Arbeit die Diagnose als wichtiges Element berücksichtigt werden, ein detaillierter Entwurf soll jedoch nicht durchgeführt werden. Als Beispiel für Einzelfunktionen der Algorithmusebene werden in Tabelle 5.2 Prüfsummentest (für Programmspeicher), Speichertest (für Schreib-/Lesespeicher) und Trace (zyklisches Abspeichern von Daten in einem Umlaufspeicher) aufgeführt.

Da für Diagnosezwecke üblicherweise auch komplette Prüfabläufe mit unterschiedlichen Einzeltests zur Verfügung stehen /11/, sind auf der Logikebene für Anlauf-, On-line- und Off-line-Diagnose Einzelfunktionen zur Koordinierung der Abläufe vorzusehen (Tabelle 5.2).

5.3.4 Einzelfunktionen der Beauftragbaren Funktion Streckenachse

Das Zusammenwirken der Grundfunktionen zur Bahnerzeugung wurde in Bild 4.7 bereits für eine Bahnsteuerung dargestellt. Aus Gründen der Vereinheitlichung ist zu fordern, daß nicht nur der Aufbau für die Streckensteuerung übernommen werden kann, sondern auch Einzelfunktionen für beide Aufgaben einsetzbar sind. In Kapitel 6 werden die dazu notwendigen Voraussetzungen untersucht. Neben der Lageregelung besteht die Algorithmusebene hier aus den Einzelfunktionen NC-Satz-Interpretation, Sollwertbeeinflussung und Sollwerterzeugung Strecke, letzte mit den Teilfunktionen Interpolationsvorbereitung, Interpolation, Weg- und Restwegausgabe (Tabelle 5.2).

Die notwendigen Abläufe für das Anfahren eines Zielpunktes bei Punkt- und Streckensteuerung sowie des Referenzpunktes werden von den Einzelfunktionen Zielpunktfahrt Strecke und Referenzpunktfahrt Strecke auf der Logikebene bestimmt. Sowohl bei Punktsteuerung. wie bei Referenzpunktfahrt können dieselben Einzelfunktionen zur Sollwerterzeugung und -beeinflussung zum Einsatz kommen, bei der Referenzpunktfahrt werden dazu intern NC-Sätze erzeugt, die die gewünschte Bewegung nach Bild 2.4 bewirken.

5.3.5 Einzelfunktionen der Beauftragbaren Funktion Bahnachsen

Die Algorithmusebene besteht aus Einzelfunktionen zur Sollwerterzeugung Gerade/Kreis, Sollwertbeeinflussung, Lageregelung und NC-Satz-Interpretation. Bei der Sollwerterzeugung werden zwei Einzelfunktionen für Geraden- und Kreisinterpolation gebildet (Bild 4.7), die jeweils aus den Teilfunktionen Interpolationsvorbereitung, Interpolation, Weg- und Restwegausgabe Gerade/Kreis bestehen. Beide Einzelfunktionen bedienen auch eventuell vorhandene Mitschleppachsen, die Punktsteuerung und Referenzpunktfahrt setzen die Einzelfunktion Sollwerterzeugung Gerade und Sollwertbeeinflussung ein. Bei Referenzpunktfahrt werden ebenfalls NC-Sätze intern erzeugt, um die Achsen entsprechend zu bewegen.

Die Einzelfunktion Zielpunktfahrt Bahn der Logikebene bestimmt die Abläufe bei Punkt-, Strecken- und Bahnsteuerung,
die Referenzpunktfahrt Bahn das Anfahren der Referenzpunkte
einzelner Achsen.

5.3.6 Einzelfunktionen des Funktionsblocks Geometriedaten-
verarbeitung

Neben den Einzelfunktionen, die einer Beauftragbaren Funktion zugerechnet werden können, gibt es gemäß Abschnitt
3.1.3 auch eine direkte Zuordnung zum Funktionsblock. Die
dazu gehörenden Einzelfunktionen nehmen im wesentlichen
die drei Aufgaben
- Initialisierung des Funktionsblocks,
- Verwaltung der Funktionsprogramme und
- Fehlerbehandlung
wahr.

Der Initialisierung ist auf der Steuerebene die Einzelfunktion Initialisierungshandler, die die im Entwurf zu DIN
66264 Teil 2 festgelegten Abläufe beinhaltet, sowie auf der
Logikebene die Einzelfunktion Initialisierung Funktionsblock zugeordnet. Letztere Einzelfunktion führt vor allem
hardwareorientierte Initialisierungen aus und ruft nacheinander die im Initialisierungsbereich der Einzelfunktionen
enthaltenen Teilfunktionen auf, um die funktionsprogramm-
orientierte Initialisierung durchzuführen.

Für den Aufbau von Einzelfunktionen zur Verwaltung der
Funktionsprogramme sind die hohen zeitlichen Anforderungen
bei der Geometriedatenverarbeitung maßgebend. Die Lageregelung einer Achse muß gemäß einer konstanten Taktzeit von
wenigen Millisekunden /12/ vom Verwaltungsprogramm aufgerufen werden. Da die Interpolation für jeden Takt einen
neuen Sollwert und die Sollwertbeeinflussung damit ebenfalls für jeden Takt einen aktuellen Vorschubwert bereit-

stellen müssen, sind sie vom Verwaltungsprogramm wie die Lageregelung zu behandeln (siehe Abschnitt 4.4).

Für die Anzeige einer Fehlermeldung stehen im Steuerblock 0 die Bytes 6 und 7 zur Verfügung. Um jedoch auch schnell hintereinander auftretende Fehler zur Anzeige bringen zu können, kann ein interner Zwischenspeicher nach dem Prinzip FIFO eingesetzt werden. Daraus ergibt sich eine Zweiteilung der Einzelfunktion Fehlerbehandlung (Tabelle 5.2).

Die Teilfunktion Fehlereintrag wird bei Erkennen eines Fehlers aufgerufen und trägt die entsprechende Meldung in den FIFO-Speicher ein. Die Teilfunktion Fehleranzeige wird zyklisch aufgerufen und bringt Fehlermeldungen aus dem FIFO-Speicher über den Steuerblock 0 zur Anzeige.

6 Schnittstellen eines Funktionsblocks Geometriedatenverarbeitung

Die Struktur mit den wesentlichen Funktionen eines Funktionsblocks Geometriedatenverarbeitung wurde in Kapitel 5 erarbeitet. Sie zeichnet sich aufgrund der funktionsorientierten Ebeneneinteilung durch eine hohe Modularität aus. Ziel im Hinblick auf Konfigurierbarkeit ist vor allem die Schaffung von Möglichkeiten zum Austausch bzw. Hinzufügen oder Weglassen von Einzel- bzw. Teilfunktionen entsprechend dem jeweils geforderten Funktionsumfang. Neben der Struktur ist dafür eine zweite Voraussetzung zu erbringen: Der Einsatz definierter Schnittstellen zwischen den Einzelfunktionen, für die über die Festlegungen im Entwurf zu DIN 66264 Teil 2 hinaus die Bedeutung und das Format der Anwenderdaten festgeschrieben ist. Hierbei sind nicht nur die internen Schnittstellen im Rahmen der Konfigurierbarkeit eines Funktionsblocks von Interesse, sondern auch die Schnittstellen des Funktionsblocks nach außen hinsichtlich der Konfigurierbarkeit einer gesamten Steuerung.

Ausgehend von der Analyse der Anforderungen an die einzelnen Schnittstellen ist eine Auswahl geeigneter Datenstrukturen und eine Festschreibung der Bedeutung und des Formats der Anwenderdaten durchzuführen. Die Betrachtung sämtlicher Schnittstellen zwischen Teilfunktionen eines Funktionsblocks Geometriedatenverarbeitung würde dabei den Rahmen des innerhalb dieser Arbeit Möglichen bei weitem überschreiten. Deshalb sind zunächst wesentliche Schnittstellen für diese Untersuchung auszuwählen.

6.1 Betrachtete Schnittstellen

Ziel der Konfigurierbarkeit ist es, einen Funktionsblock Geometriedatenverarbeitung vor allem hinsichtlich seiner eigentlichen Aufgabe, der Bewegung von Achsen, anpaßbar zu gestalten. Damit steht die Betrachtung der Schnittstellen der Grundfunktionen zur Bahnerzeugung im Vordergrund. Hinsichtlich der Forderung nach wenigen definierten Schnittstellen ist für diese Grundfunktionen ferner zu untersuchen, inwieweit für die Beauftragbare Funktion Streckenachse dieselben Schnittstellen einsetzbar sind wie für die Beauftragbare Funktion Bahnachsen. Ist dies der Fall, so können für die entsprechenden Aufgaben gleiche Einzelfunktionen für beide Beauftragbare Funktionen eingesetzt werden. Dieselbe Forderung gilt für die Schnittstellen der Sollwerterzeugung bei Geraden- und Kreisinterpolation.

Die Verbindung der Grundfunktionen zu den übergeordneten Einzelfunktionen der Logik- und Steuerebene sind zu betrachten, ebenso die Verbindungen zur Beauftragbaren Funktion Achsenverwaltung und deren Ein-/Ausgabeschnittstelle.

Die Parameter des Maschinendatensatzes dienen der Anpassung innerhalb der Einzelfunktionen, ein Datenaustausch im eigentlichen Sinne findet nicht statt. Die Parameterdarstellung soll deshalb nicht näher betrachtet werden, die Parameterliste für eine Achse wird in Abschnitt 7.1.2 angegeben.

Die Beauftragbare Funktion Diagnose wurde an anderer Stelle /11/ bereits erarbeitet, sie wird hier deshalb ebenfalls nicht näher betrachtet. Bild 6.1 zeigt die somit zu untersuchenden Schnittstellen.

Für die folgende Betrachtung wird gemäß Bild 6.1 in Eingabe- (S_e), Ausgabe- (S_a) und interne Schnittstellen (S_i) unterschieden. Zunächst werden die Ein- und Ausgabeschnittstellen untersucht, da sie für das Einbinden des Funktionsblocks in eine NC gegenüber den internen Schnittstellen von übergeordneter Bedeutung sind; diese lassen sich in einem zweiten Schritt aus den Ein- und Ausgabeschnittstellen ableiten. Zu Bild 6.1 ist anzumerken, daß sich die beiden Einzelfunktionen der Logikebene zeitlich gegenseitig aus-

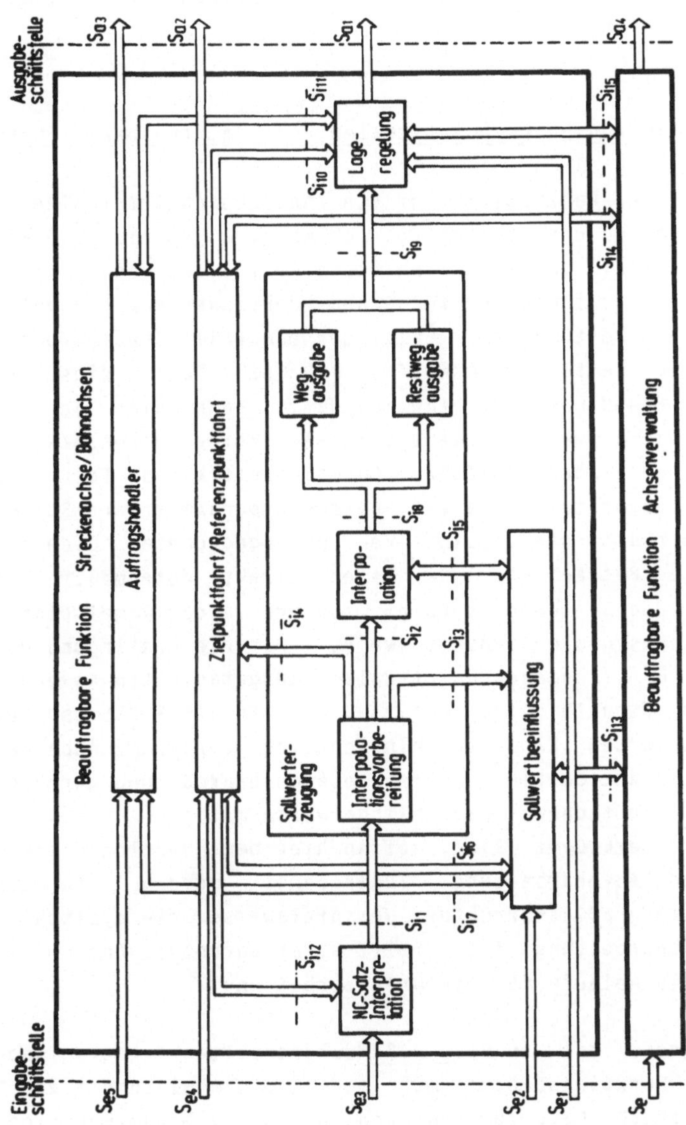

Bild 6.1: Wesentliche Schnittstellen der Einzelfunktionen zur Bahnerzeugung

schließen, so daß beide auf dieselben Schnittstellen zugreifen können.

6.2 Ein-/Ausgabeschnittstellen von Beauftragbaren Funktionen

Für die Definition der Ein-/Ausgabeschnittstellen ist zunächst zu untersuchen, ob für weitere Funktionsblöcke gemäß Bild 2.1 bereits Schnittstellenfestlegungen existieren. Dies ist jedoch nur für einen Funktionsblock Technologiedatenverarbeitung der Fall, der ebenfalls Steuer- und Datenblöcke gemäß dem Entwurf zu DIN 66264 Teil 2 einsetzt /37/. Die Bedeutung der Anwenderdaten kann hier jeweils frei definiert werden, sie stellt also keine zu beachtende Randbedingung dar. Weitere Funktionsblöcke zur Technologiedatenverarbeitung, die als Speicherprogrammierbare Steuerungen ausgeführt sind, sind von untergeordneter Bedeutung für diese Betrachtung, da keine direkte datenmäßige Kopplung über den Systembus erfolgt, sondern in der Regel binäre Ein-/Ausgabesignale benutzt werden. Für die Festlegung der über die Ein-/Ausgabeschnittstelle ausgetauschten Anwenderdaten wird deshalb eine Analyse der in DIN 66025 und VDI 3422 definierten Elemente hinsichtlich ihrer Anwendbarkeit auf den Funktionsblock Geometriedatenverarbeitung durchgeführt. Nur Funktionen, die üblicherweise mit der Achsbewegung direkt verknüpft sind, sollen hier dem Funktionsblock Geometriedatenverarbeitung zugerechnet werden. Die Funktion Werkzeugradiuskorrektur beispielsweise, die typisch für die Fräsbearbeitung ist, fällt nicht darunter. Ebenso wie spezielle Abläufe für die Drehbearbeitung.

Aufgrund der in Bild 2.2a dargestellten linearen Anordnung der Funktionsblöcke muß jedoch die Möglichkeit zum Datenaustausch bzw. zur Synchronisation mit einem Funktionsblock Technologiedatenverarbeitung mittels allgemeiner Zusatzfunktionen nach DIN 66025 gegeben sein. Eine Festschreibung der Bedeutung der dabei ausgetauschten Zusatzfunktionen kann jedoch für den Funktionsblock Geometriedatenverarbeitung entfallen, da er diese Anwenderdaten nur weiterreicht. Hier sind Erzeuger und Verbraucher der Information aufeinander abzustimmen. Wesentlichen Anteil insbesondere an der Eingabeschnittstelle haben die Geometrieinformationen der NC-Sätze. Für die restlichen Daten ist zu prüfen, ob sie direkt einem NC-Satz zuzuordnen sind oder unabhängig von ihm verändert werden können. Das Ergebnis der Analyse ist für NC-Satz-bezogene Angaben in Tabelle 6.1, für unabhängige Angaben in Tabelle 6.2 zusammengefaßt.

Die Auswertung der Tabellen 6.1 und 6.2 hinsichtlich Zuordnung der zusammengestellten Anwenderdaten zu Beauftragbaren Funktionen zur Achsbewegung zeigt, daß mit Ausnahme von Interpolationsarten und Koordinatenwerten alle Funktionen sowohl bei Streckenachse wie bei Bahnachsen gefordert sind. Es soll deshalb angestrebt werden, für beide Beauftragbare Funktionen eine einheitliche Datenschnittstelle zu entwerfen.

Für die genannten Anwenderdaten sind dazu Gruppen mit zusammengehörenden Informationen zu bilden, für die dann entsprechend ihrer Einordnung als Bereitstellungs- oder Verbrauchsdaten gemäß dem Entwurf zu DIN 66264 Teil 2 geeignete Datenstrukturen ausgewählt werden. Schließlich ist Bedeutung und Format der Anwenderdaten in diesen Strukturen festzulegen. Ferner ist zu untersuchen, welche der in den Tabellen 6.1 und 6.2 genannten Anwenderdaten der Ein-/Ausgabeschnittstelle der Beauftragbaren Funktion Achsenverwaltung zugeordnet werden kann.

Die in Tabelle 6.1 aufgeführten Anwenderdaten stellen bereits eine zusammengehörende Gruppe dar, da sie jeweils auf einen bestimmten NC-Satz bezogen sind. Sie lassen sich deshalb eindeutig den Beauftragbaren Funktionen zur Achsbewegung zuordnen.

| Bedeutung der Anwenderdaten | Benötigt für | | Ein-/ |
	Strecken-achse	Bahnachsen	Ausgabe (E/A)
Satznummer (N)	ja	ja	E
Wegbedingungen			
- Interpolationsarten (G00,G01,G02,G03)	teilweise	ja	E
- Verweilzeit (G04)	ja	ja	E
- Geschwindigkeitsverlauf (G08, G09)	ja	ja	E
- Ebenenauswahl (G17,G18,G19)	nein	ja	E
- Einfahrverhalten (G60)	ja	ja	E
- Maßangabe (G90,G91)	ja	ja	E
- Bezugspunktverschiebung (G92)	ja	ja	E
Vorschub (F)	ja	ja	E
Koordinaten			
- Zielkoordinaten für einzelne Achsen (X,Y,Z,...)	teilweise	ja	E
- Kreismittelpunkt (I,J,K)	nein	ja	E
Zusatzfunktionen			
- Haltfunktionen (M00,M01)	ja	ja	E
- Weitergabe nicht näher spezifizierter Zusatzfunktionen an einen Funktionsblock Technologiedatenverarbeitung mit unterschiedlicher Synchronisation	ja	ja	E/A
- Spezielle Zusatzfunktionen zur Steuerung der Bewegungsbeeinflussung, z.B. Override-unterdrückung	ja	ja	E

<u>Tabelle 6.1:</u> NC-Satz-bezogene Anwenderdaten der Ein-/Ausgabeschnitt-
stelle

Bedeutung der Anwenderdaten	Benötigt für		Ein-/ Ausgabe (E/A)
	Strecken-achse	Bahnachsen	
Bewegungsbeeinflussung			
- Vorschub-Freigabe	ja	ja	E
- Not-Aus	ja	ja	E
- Vorschub-Halt	ja	ja	E
- Einzelsatz	ja	ja	E
- Wahlweiser Halt	ja	ja	E
- Vorschub-Override	ja	ja	E
- Quittierung Einzelsatz/ Programm-Halt	ja	ja	E
- Quittierung Technologiedaten	ja	ja	E
- Elektrische Endschalter	ja	ja	E
Positionsanzeigen			
- Istposition der Maschinen-achsen, absolut	ja	ja	A
- Sollposition der Maschinen-achsen, absolut	ja	ja	A
- Sollposition bei Beginn des NC-Satzes, absolut	ja	ja	A
- aktuell gefahrener Vorschub	ja	ja	A
- Satznummer	ja	ja	A
Zustandsanzeigen			
- Achse wird bewegt	ja	ja	A
- Achse wird in pos./neg. Rich-tung bewegt	ja	ja	A
- Achse ist in Ruhe und die Ab-weichung vom Sollwert liegt unter einer eingestellten Grenze (Regelfenster)	ja	ja	A
- Für die Achse liegt keine wei-tere Fahranweisung vor und die Abweichung vom Sollwert liegt unter einer eingestellten Grenze (Regelfenster)	ja	ja	A
- Achse wartet auf Synchronisa-tion mit FB TECHNO	ja	ja	A
- Achse wartet wegen Einzel-satz/Programm-Halt	ja	ja	A

Tabelle 6.2: NC-Satz-unabhängige Anwenderdaten der Ein-/Ausgabeschnitt-stelle

| Bedeutung der Anwenderdaten | Benötigt für | | Ein-/ |
	Strecken-achse	Bahnachsen	Ausgabe (E/A)
Achsenanschaltung			
- Geschwindigkeitssollwert	ja	ja	A
- Weginformation absolut/relativ	ja	ja	E
- Referenznocken	ja	ja	E
- Referenzimpuls bzw.	ja	ja	E
alternativ: Referenzlogik einschalten/Referenzpunkt erreicht	ja	ja	E/A

Fortsetzung Tabelle 6.2

Die Anwenderdaten zur Bewegungsbeeinflussung in Tabelle 6.2 sind gemäß Abschnitt 5.2.2 sowohl für einzelne Achsen oder Achsgruppen (Bahnachsen) sowie für alle Achsen gemeinsam vorzugeben. Die achsenbezogene Vorgabe ist der jeweiligen Beauftragbaren Funktion zur Achsbewegung zuzuordnen, während alle Achsen über die Beauftragbare Funktion Achsenverwaltung angesprochen werden (Meldungen über die Stellung von elektrischen Endschaltern und Referenznocken werden nur hier eingelesen).

Positionsanzeigen und Zustandsanzeigen sind Bereitstellungsdaten, die bei Bedarf gelesen werden. Es bietet sich deshalb an, diese Anwenderdaten von allen Achsen an zentraler Stelle über die Beauftragbare Funktion Achsenverwaltung zusammenzufassen.

Es verbleibt die Behandlung der Daten zur Achsenanschaltung zu diskutieren. Sie können bis auf die Eingabe der Referenznocken, die von der Logikebene gelesen werden, der Einzelfunktion Lageregelung zuordnet werden. Diese Schnittstelle läßt sich jedoch nicht allgemeingültig definieren, da hier unterschiedliche Meßsysteme (absolut, relativ, Gray-Code usw.), sowie unterschiedliche Schaltungen zur Auswertung

(8 oder 16 bit-Register mit und ohne löschendes Lesen) zuge-
lassen werden müssen. Dies gilt in ähnlicher Weise für die
Erfassung und Auswertung des Referenzimpulses sowie für
die Ausgabe des Geschwindigkeitssollwertes. Neben der Anbin-
dung an das Zeitsignal (Interrupt) des Mikroprozessors
und der Beauftragbaren Funktion Diagnose ist dies die ein-
zige Stelle, an der der Funktionsblock an die gerätetechnischen Gegebenheiten angepaßt werden muß. Diese Schnittstellen werden aufgrund ihrer festen Verbindung zur Hardware im folgenden nicht zu den Softwareschnittstellen gemäß
dem Entwurf zu DIN 66264 Teil 2 gerechnet, sondern über den
Maschinendatensatz direkt adressiert (siehe Abschnitt
7.1.2).

Damit sind die Anwenderdaten der Ein-/Ausgabeschnittstelle
den jeweiligen Beauftragbaren Funktionen zugeordnet worden
und können nun im einzelnen definiert werden.

6.2.1 Schnittstellen der Beauftragbaren Funktionen zur Achsbewegung

Zunächst wird die Eingabeschnittstelle betrachtet. Die
in Tabelle 6.1 angegebenen Anwenderdaten stellen bereits
eine gleichartige Gruppe dar, da sie jeweils auf einen bestimmten NC-Satz bezogen sind. Es handelt sich dabei ohne
Ausnahme um Verbrauchsdaten, da keine Information verloren
gehen darf. Da die Information an der Eingabeschnittstelle
des Funktionsblocks Geometriedatenverarbeitung gemäß der
getroffenen Aufteilung in Funktionsblöcke in decodiertem
Zustand, also in fester Reihenfolge mit festen Formaten
vorliegt, kommt die Anwendung der Datenstrukturen SATZ oder
FIFO in Frage. Um bei kurzen NC-Sätzen eine kontinuierliche
Bewegung zu erlauben, ist der FIFO-Struktur mit ihrer Puf-
ferwirkung der Vorzug zu geben. Die Anzahl möglicher Sätze
im FIFO kann über entsprechende Konfigurierungsparameter
den Erfordernissen angepaßt werden.

Für den Aufbau eines Satzes im FIFO, der die Schnittstelle S_{e3} in <u>Bild 6.1</u> darstellt und im folgenden mit Eingabe Zielpunktfahrt bezeichnet wird, ist die Forderung nach einheitlicher Schnittstelle für Streckenachse und Bahnachsen maßgebend. Werden die von beiden Beauftragbaren Funktionen benötigten Anwenderdaten an den Satzanfang gelegt, ergibt sich zwar eine unterschiedliche Satzlänge, wenn keine freien Speicherbereiche vorgesehen werden, diese kann jedoch ebenfalls über entsprechende Parameter konfiguriert werden.

Damit wird für den Aufbau eines Satzes im FIFO Eingabe Zielpunktfahrt eine Anordnung gemäß <u>Bild 6.2</u> vorgeschlagen. Die im Entwurf zu DIN 66264 Teil 2 aufgeführten Formate werden gemäß <u>Tabelle 6.3</u> gekennzeichnet.

Format	Kurzbezeichnung	Anzahl Byte
Bitleiste	BL	2
Binärformat	BI	2
Festkomma-Zahlen		
- Word Integer	WI	2
- Short Integer	SI	4
- Long Integer	LI	8
Gleitkomma-Zahlen		
- Short Real	SR	4
- Long Real	LR	8

<u>Tabelle 6.3:</u> Datenformate

In <u>Bild 6.2</u> wurde berücksichtigt, daß die unterschiedlichen Anwendungsfälle einen großen Vorschub-Bereich (abhängig von der Auflösung der Wegmeßsysteme) sowie eine möglichst genaue Vorgabe von Koordinaten erfordern. Gewählt wurde hier die Einheit 0,1 µm, um auch für Meßaufgaben die notwendige Auflösung zu besitzen. Als Datenformat für die Koordinatenwerte ist Short Integer zu wählen, da die Genauigkeit auch bei einem Verfahrbereich von 50 m noch 0,1 µm betragen soll.

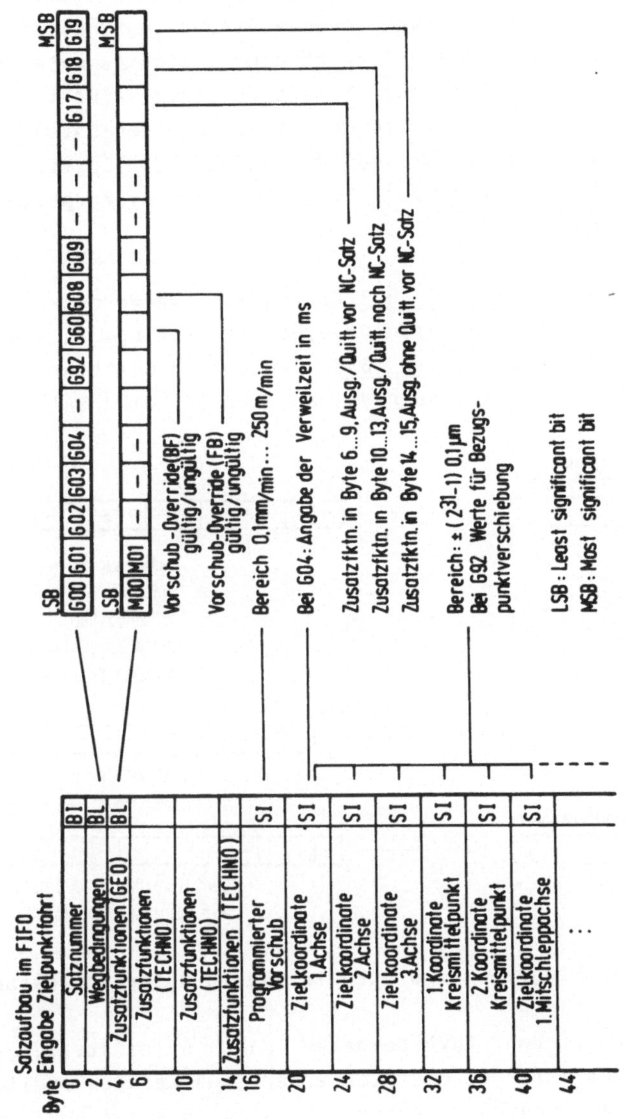

Bild 6.2: Aufbau eines Satzes im FIFO Eingabe Zielpunktfahrt

Die erforderliche Satzlänge des FIFO Eingabe Zielpunktfahrt für die Beauftragbare Funktion Streckenachse beträgt gemäß <u>Bild 6.2</u> 24 byte, für eine Beauftragbare Funktion Bahnachsen mit drei interpolierten Achsen sind 40 byte erforderlich. Jede zusätzliche Mitschleppachse erhöht hier die Satzlänge um 4 byte. Die in <u>Tabelle 6.1</u> genannten Anwenderdaten sind damit bis auf die Ausgabe der Zusatzfunktionen an einen Funktionsblock Technologiedatenverarbeitung festgeschrieben.

Für die in <u>Tabelle 6.2</u> genannten Anwenderdaten zur Bewegungsbeeinflussung erfolgt eine Unterteilung in vier Datenstrukturen gemäß <u>Bild 6.3</u>. Die beiden Quittierungssignale bedingen als Verbrauchsdaten jeweils eine SATZ-Struktur.

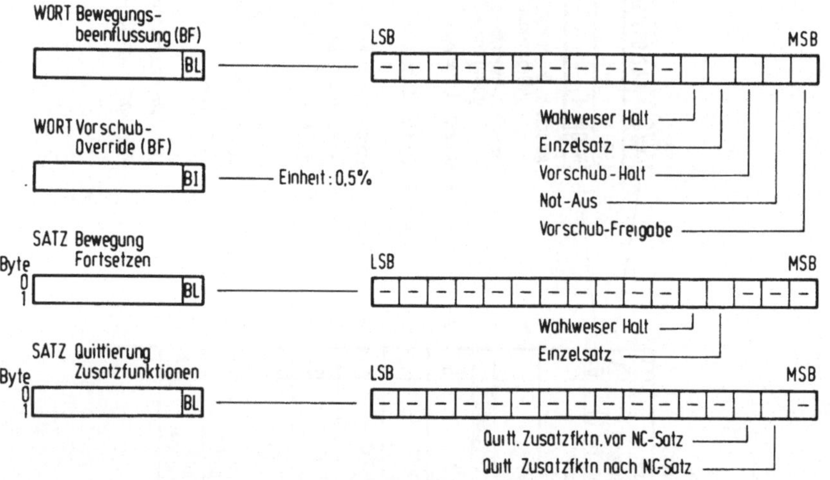

<u>Bild 6.3:</u> Eingabedatenblöcke zur Bewegungsbeeinflussung

Die restlichen Anwenderdaten sind Bereitstellungsdaten, wobei der Vorschub-Override einen Binärwert darstellt, während die anderen zu einer Bitleiste in einer WORT-Struktur zusammengefaßt werden können. Die WORT-Struktur bietet durch fehlenden Datenblockstatus den Vorteil, daß über sie auch Hardware-Register, z.B. Kanäle einer Binäreingabekarte, direkt lesbar und beschreibbar sind. Die in Bild 6.3 genannten Funktionen können damit auch direkt über Hardwaresignale angesprochen werden. Für die Zuordnung zu den in Bild 6.1 festgelegten Schnittstellen gilt folgende Überlegung: Vorschub-Override und Vorschub-Halt sind Informationen, die die Einzelfunktion Sollwertbeeinflussung betreffen. Die übrigen Informationen bedingen Reaktionen der Logikebene und werden ihr deshalb zugeordnet. Die WORT-Struktur Bewegungsbeeinflussung (BF) bildet daher die Schnittstelle S_{e4}, die Vorschub-Halt-Information wird über die interne Schnittstelle S_{i6} an die Sollwertbeeinflussung weitergegeben. Die WORT-Struktur Vorschub-Override (BF) wird direkt von der Sollwertbeeinflussung ausgewertet, sie stellt die Schnittstelle S_{e2} dar. Gemäß Abschnitt 6.2 werden die Schnittstellen S_{e1} und S_{a1} in Bild 6.1 hier nicht näher betrachtet (Achsenanschaltung).

Die Reihenfolge und Verfahrrichtung der Achsen bei der Referenzpunktfahrt ist für die Bahn- und Mitschleppachsen üblicherweise im Maschinendatensatz festgelegt. Soll jedoch nur eine einzelne Achse mit Referenzpunktfahrt beauftragt werden, so ist für die Einzelfunktion Referenzpunktfahrt an der Schnittstelle S_{e4} eine Eingabe zur Auswahl der Achse notwendig. Hierzu wird gemäß Bild 6.4 eine SATZ-Struktur Eingabe Referenzpunktfahrt mit entsprechender Bitleiste

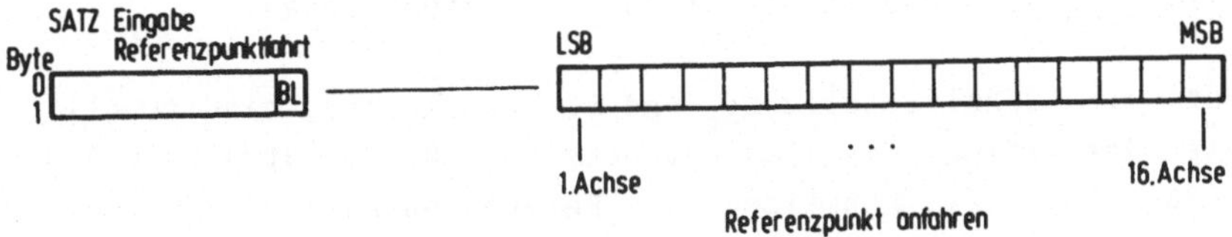

Bild 6.4: Eingabedatenblock Eingabe Referenzpunktfahrt

definiert. Die jeweilige Verfahrrichtung wird dem Maschinendatensatz entnommen. Diese Schnittstelle ist für die Beauftragbare Funktion Streckenachse nicht erforderlich, wird jedoch hinsichtlich der Forderung nach einheitlichen Schnittstellen beibehalten.

Für die Ausgabe von Zusatzfunktionen an einen Funktionsblock Technologiedatenverarbeitung sind die Einzelfunktionen der Logikebene aufgrund ihrer zustandsorientierten Darstellung geeignet. Die Ausgabe erfolgt deshalb über die Schnittstelle S_{a2}. Hier wird unterschieden in zu quittierende Zusatzfunktionen, diese sind als Verbrauchsdaten in einer SATZ-Struktur darzustellen (Bild 6.5), und Zusatzfunktionen ohne Quittierung, die in einer WORT-Struktur auszugeben sind, um direkt auch Hardware-Register ansprechen zu können.

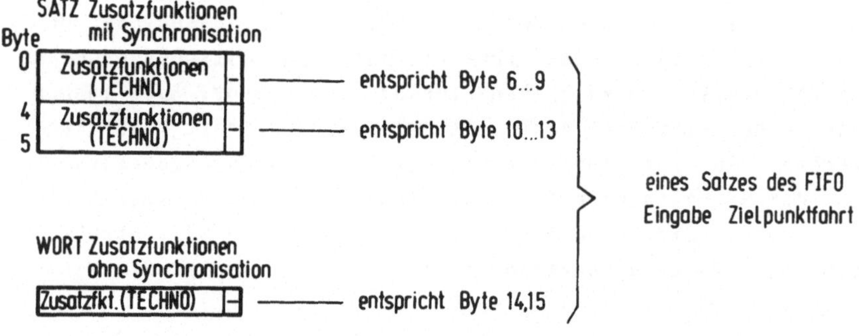

Bild 6.5: Ausgabedatenblöcke für Zusatzfunktionen

Für die Schnittstelle S_{e5} und S_{a3} zum Auftragshandler gilt die Definition des Steuerblocks i (i>0) im Entwurf zu DIN 66264 Teil 2. Funktionen wie Referenzpunktfahrt und Trockenlauf bieten sich an, um über den Modifikator bei einem Startauftrag angesprochen zu werden. Für den Abbruchauftrag ist eine Variante sinnvoll, die die Anwenderdaten in den

Datenstrukturen für Verbrauchsdaten an der Ein-/Ausgabe-
schnittstelle der Beauftragbaren Funktion ungültig setzt.
__Bild 6.6__ zeigt die Bedeutung der jeweiligen Modifikatoren.

Modifikator

— Startauftrag

— Abbruchauftrag

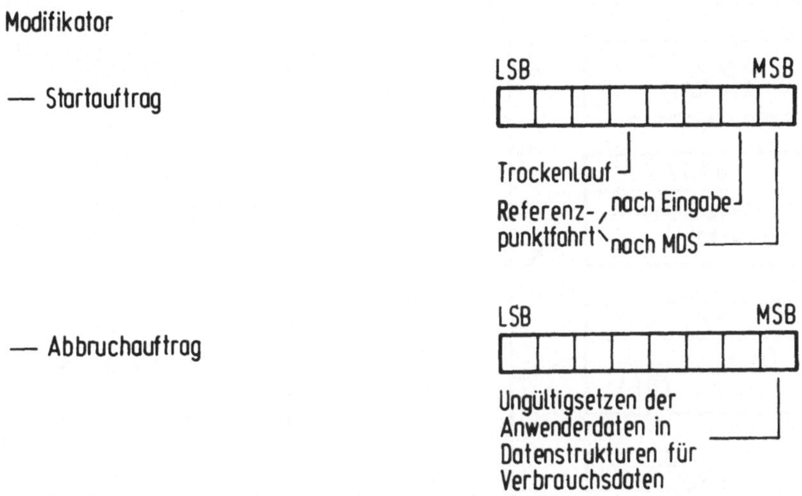

__Bild 6.6:__ Modifikatoren im Steuerblock einer Beauftragbaren
Funktion zur Achsbewegung

Mit den aufgeführten Ein-/Ausgabeschnittstellen ist der
Datenaustausch einer Beauftragbaren Funktion zur Achsbewegung vollständig beschrieben, __Bild 6.7__ zeigt zusammenfassend
die dazu definierten Datenstrukturen. Lediglich die SATZ-
Struktur Eingabe Referenzpunktfahrt ist für die Beauftragbare Funktion Streckenachse aufgrund der geforderten einheitlichen Schnittstelle der Beauftragbaren Funktionen zur
Achsbewegung als redundant zu bezeichnen.

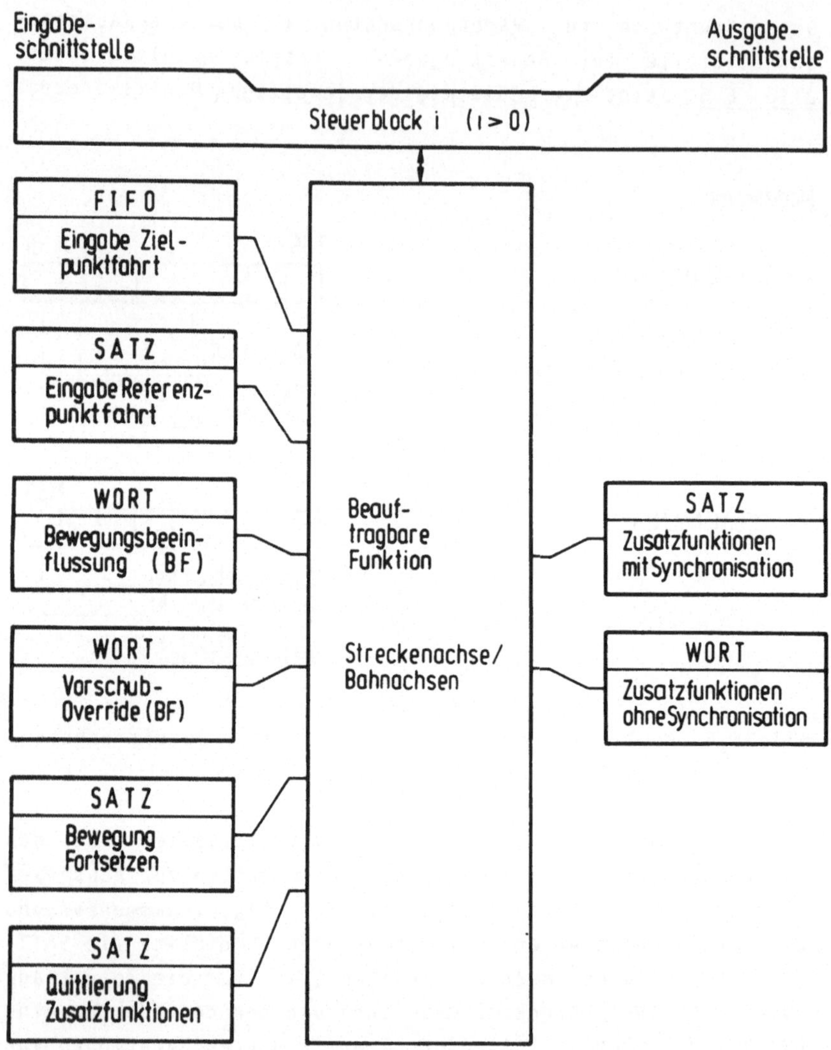

Bild 6.7: Softwareschnittstelle der Beauftragbaren Funktionen zur Achsbewegung

6.2.2 Schnittstelle der Beauftragbaren Funktion Achsenverwaltung

Die Eingabeschnittstelle S_{e6} der Beauftragbaren Funktion Achsenverwaltung besteht für die Bewegungsbeeinflussung analog zu den Schnittstelle S_{e2} und S_{e4} aus den beiden WORT-Strukturen Bewegungsbeeinflussung (FB) und Vorschub-Override (FB). Zusätzlich müssen die Endschalter und Referenznocken eingelesen werden. Wegen der Möglichkeit des direkten Hardwarezugriffs werden hier ebenfalls zwei WORT-Strukturen mit dem Format Bitleiste eingesetzt, wobei die Zuordnung der Achsen zu den einzelnen Bits gemäß der Darstellung in Bild 6.4 erfolgt.

Die Ausgabeschnittstelle besteht aus Anwenderdaten zur Positions- und Zustandsanzeige. Bei diesen Daten handelt es sich um Bereitstellungsdaten, wobei für die letztgenannten teilweise eine direkte Zuordnung zu Binärausgabesignalen z.B. als Reglerfreigabe angebracht ist. Die Zustandsanzeigen werden deshalb jeweils für alle Achsen in WORT-Strukturen mit Format Bitleiste zusammengefaßt, die Zuordnung Achsen zu Bits entspricht wiederum der Darstellung in Bild 6.4. Die Positionsanzeigen lassen sich gemäß Bild 6.8 achsenorientiert in einer FELD-Struktur anordnen, wobei der aktuelle Vorschub bei Bahn- und Mitschleppachsen dem aktuellen Bahnvorschub v_B entspricht. Die Feldlänge wird über Parameter entsprechend den bedienten Achsen festgelegt. Die vollständige Softwareschnittstelle der Beauftragbaren Funktion Achsenverwaltung ist in Bild 6.9 dargestellt.

6.3 Interne Schnittstellen der Beauftragbaren Funktionen zur Achsbewegung

Die internen Schnittstellen gemäß Bild 6.1 können im wesentlichen von den Definitionen der Ein-/Ausgabeschnittstellen abgeleitet werden. Für die Definition der Schnitt-

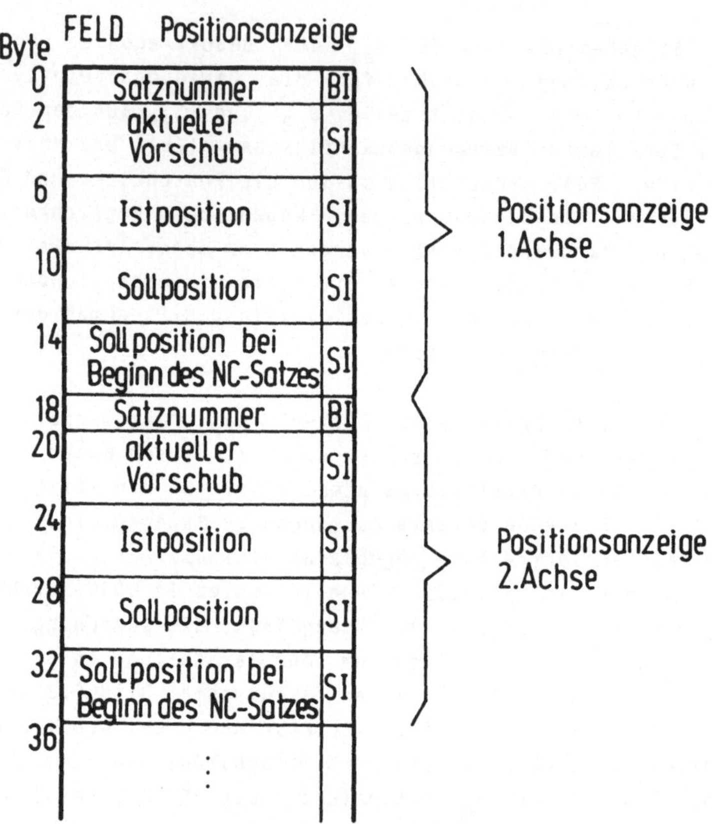

Bild 6.8: Ausgabedatenblock Positionsanzeige

stelle S_{i1} soll davon ausgegangen werden, daß die Einzelfunktion NC-Satz-Interpretation schon solche Überprüfungen und Berechnungen ausführt, die für jeden NC-Satz unabhängig von der Interpolationsart notwendig sind. Dazu gehört eine Überprüfung des programmierten Vorschubs auf Zulässigkeit sowie die programmtechnisch bedingte Darstellung der

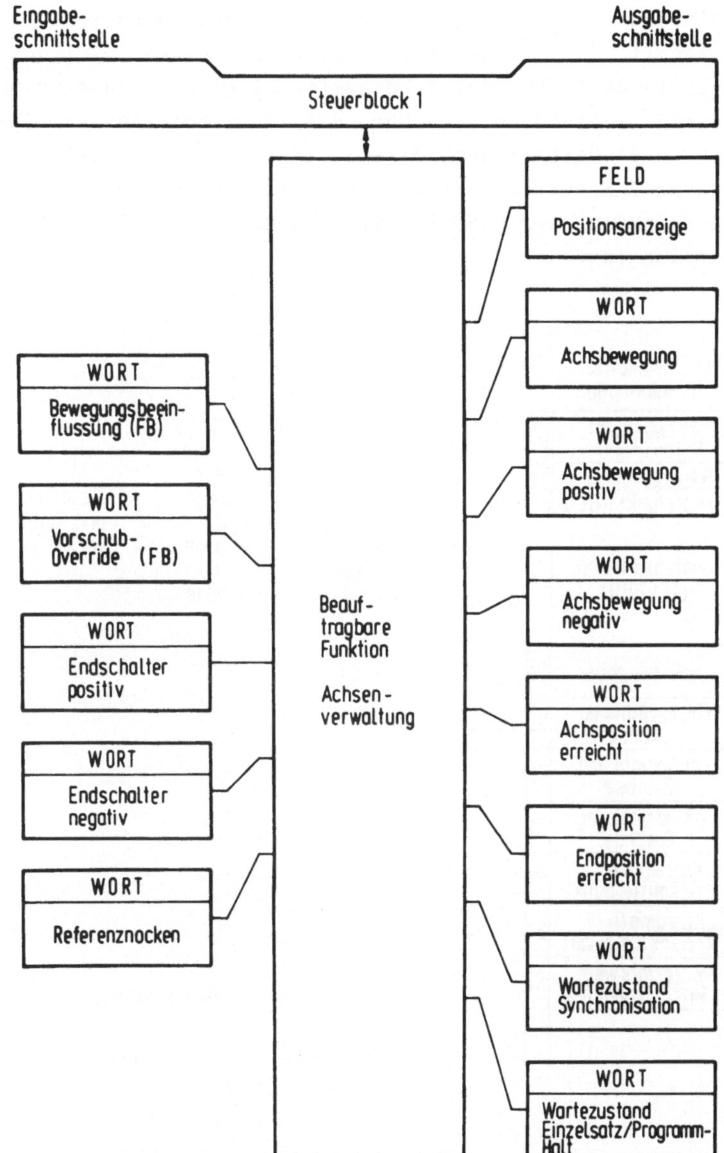

Bild 6.9: Softwareschnittstelle der Beauftragbaren Funktion Achsenverwaltung

Koordinatenwerte als relative Größen. Ansonsten entspricht der Inhalt der Schnittstelle dem eines Satzes im FIFO Eingabe Zielpunktfahrt, aus programmtechnischen Gründen ergänzt um einen Zustandszeiger für die Interpolationsart (Bild 6.10). Die Darstellung dieser Verbrauchsdaten erfolgt in einer SATZ-Struktur Geometrieinformation, da die pufferbildende Wirkung der FIFO-Struktur an dieser Stelle nicht erforderlich ist.

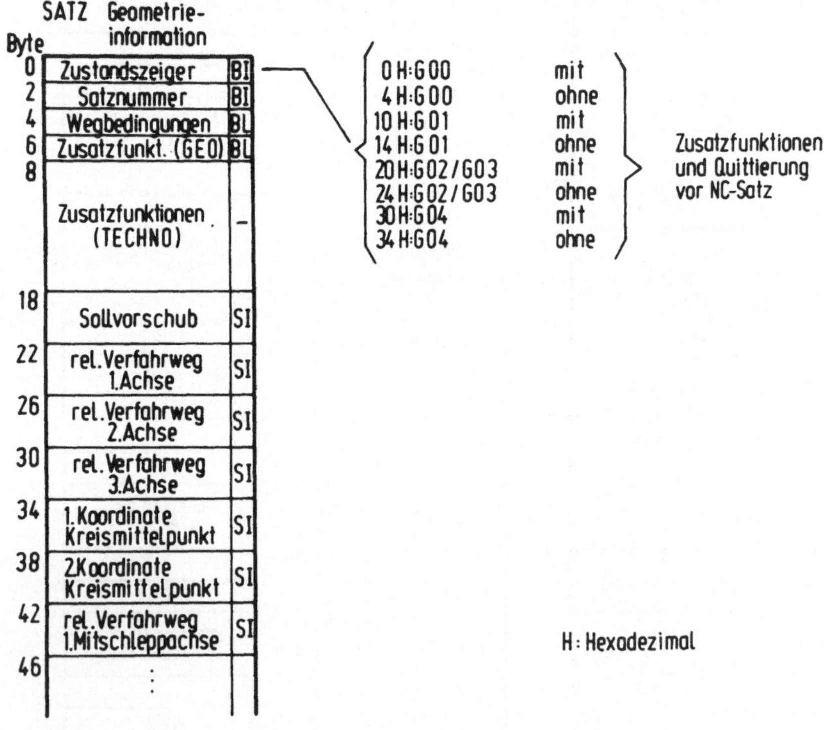

Bild 6.10: Interner Datenblock Geometrieinformation

Bei der Betrachtung der internen Schnittstellen kommt S_{i2} bis S_{i4} besondere Bedeutung zu, da sie gemäß Abschnitt 4.4 zur zeitlichen Entkopplung der Einzelfunktionen dienen. Da es sich bei den dort relevanten Anwenderdaten nach wie vor um Verbrauchsdaten handelt, ist an dieser Stelle nur der Einsatz einer FIFO-Struktur möglich, die die Schnittstellen S_{i2} bis S_{i4} zusammenfaßt (<u>Bild 6.11</u>). Für diese Schnittstellendefinition wird davon ausgegangen, daß bereits die Interpolationsvorbereitung über mehrere NC-Sätze hinweg das Vorhandensein eines jeweils ausreichenden restlichen Verfahrweges zum kontrollierten Verzögern sicherstellt. Die dazu notwendige Angabe des Folgevorschubs für den nächsten NC-Satz ist zu berücksichtigen.

Über die Schnittstelle S_{i5} wird die Interpolation von der Sollwertbeeinflussung gesteuert. Dazu wird nach Abschnitt 4.3.1 der aktuelle Vorschub von der Sollwertbeeinflussung vorgegeben, während die Interpolation den restlichen bezogenen Verfahrweg zurückmeldet. Beide Größen stellen Verbrauchsdaten dar, die nach <u>Bild 6.12</u> jeweils über eine SATZ-Struktur ausgetauscht werden.

Die Verbindung der Sollwertbeeinflussung zu den Einzelfunktionen der Logik- und Steuerebene (Schnittstellen S_{i6}, S_{i7}) ist bestimmt durch die Notwendigkeit des Zugriffs auf die Vorschub-Halt-Funktion mit entsprechender Rückmeldung. In der Schnittstelle zur Logikebene ist darüber hinaus die Information NC-Satz-Ende vorzusehen, um die Teilfunktion Restwegausgabe zeitrichtig aufrufen zu können. <u>Bild 6.12</u> zeigt ebenfalls diese Bereitstellungsdaten.

Realisierungen führten zu der Erkenntnis, daß die Teilfunktionen Interpolation, Wegausgabe und Restwegausgabe aus programmtechnischen Gründen unmittelbar aufeinander abgestimmt sein müssen und in der Regel komplett ausgetauscht werden. Die Schnittstelle S_{i8} soll deshalb nicht näher betrachtet werden. Wesentlich ist jedoch die Schnittstelle

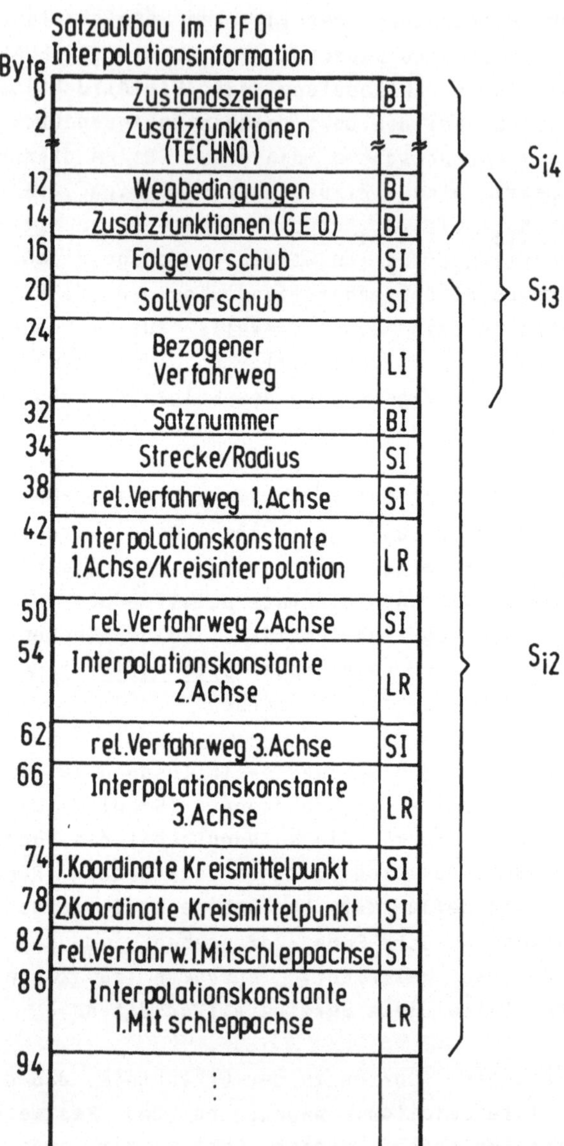

Bild 6.11: Interner Datenblock Interpolationsinformation

S_{i9} zur Lageregelung. Der Informationsgehalt dieser Schnittstelle ist gegenüber S_{i2} bis S_{i4} stark zurückgegangen.

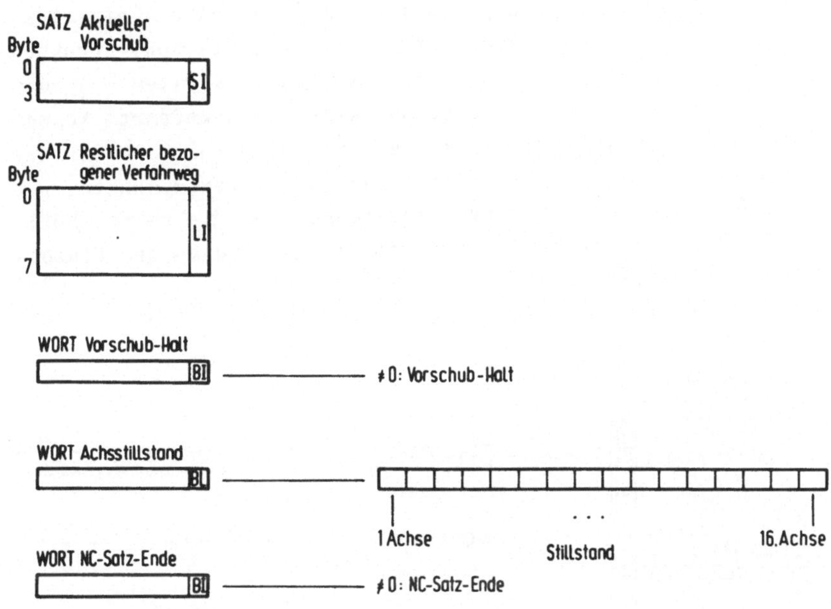

__Bild 6.12:__ Schnittstellen der Einzelfunktion Sollwertbeeinflussung

Vorschubangaben werden indirekt über den Lageregeltakt
berücksichtigt, Wegbedingungen und Zusatzfunktionen von
der Sollwerterzeugung bzw. Zielpunktfahrt bearbeitet. Übrig
bleiben die Lagesollwerte als Verbrauchsdaten für die einzelnen Achsen, eine Bitleiste für zusätzliche Informationen
sowie Satznummer und aktueller Vorschub für Anzeigezwecke
(__Bild 6.13__). Nachdem Interpolation und Lageregelung mit
demselben Takt laufen, ist der Einsatz einer SATZ-Struktur
an dieser Stelle ausreichend.

Zur Aufbereitung der Zustandsanzeigen sind die Einzelfunktionen der Logikebene aufgrund der Zustandsgraphendarstel-

lung geeignet. Zusätzlich zu der Information von der Soll-
wertbeeinflussung betreffend Achsenbewegung benötigen die
Einzelfunktionen Auftragshandler und Zielpunktfahrt zum
Erkennen eines Bewegungsendes die Angabe, ob die einzelnen
Achsen innerhalb des Regelfensters stehen. Die WORT-Struktur
gemäß __Bild 6.13__ bildet somit die Schnittstellen S_{i10} und
S_{i11}. Für die Einzelfunktion Referenzpunktfahrt kommen
zusätzlich zwei WORT-Strukturen hinzu. Je nach Aufbau der
Referenzlogik kann das Erreichen des Referenzpunktes nur
von der Lageregelung erkannt werden. Über die beiden WORT-
Strukturen synchronisieren sich dabei die beiden Einzel-
funktionen (__Bild 6.13__).

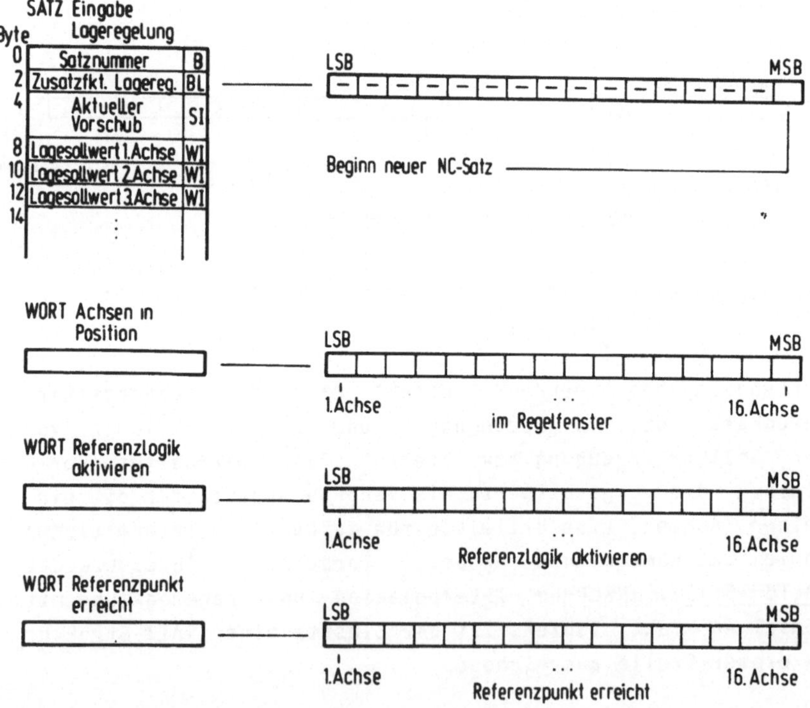

__Bild 6.13:__ Schnittstellen der Einzelfunktion Lageregelung

Zur Durchführung der Referenzpunktfahrt werden intern NC-Sätze vorgegeben, die die gewünschte Reihenfolge in der Bewegung der Achsen erzeugen. Die dazu erforderliche Schnittstelle S_{i12} Referenzinformation entspricht exakt der Schnittstelle Eingabe Zielpunktfahrt, die Umschaltung erfolgt durch einen entsprechenden Adreßeintrag.

Die Schnittstellen zur Beauftragbaren Funktion Achsenverwaltung können direkt aus den in Abschnitt 6.2.2 definierten Ein-/Ausgabeschnittstellen abgeleitet werden. Sie werden mit derselben Bezeichnung versehen. Der Vorschub-Override wird in einer WORT-Struktur für die Sollwertbeeinflussung bereitgestellt (S_{i13}). Die Daten der Bewegungsbeeinflussung gehen an die jeweils aktive Einzelfunktion der Logikebene in einer WORT-Struktur, ebenso die Stellung der Referenznocken an die Einzelfunktion Referenzpunktfahrt (S_{i14}). Die Stellung der Endschalter wird in zwei WORT-Strukturen an die Lageregelung gemeldet (S_{i15}). Die Lageregelung stellt die Positionsanzeigen der von ihr bedienten Achsen in einer FELD-Struktur (S_{i15}) entsprechend **Bild 6.8** zusammen. Die Zustandsanzeigen werden von der jeweils aktiven Einzelfunktion der Logikebene entsprechend den in **Bild 6.9** definierten Strukturen aufbereitet (S_{i14}).

Mit den vorstehenden Definitionen sind die wesentlichen Schnittstellen eines Funktionsblocks Geometriedatenverarbeitung festgeschrieben.

7. Realisierung eines Funktionsblocks Geometriedatenverarbeitung

Die erarbeiteten Struktur- und Schnittstellendefinitionen für einen Funktionsblock Geometrieverarbeitung wurden in zwei Realisierungen überprüft. Eine erste Version entstand unter Verwendung des Assemblers für die Mikroprozessoren 8086/8087 der Firma Intel als Programmiersprache. Vor dem Hintergrund der Forderung nach Portabilität wurde eine zweite Entwicklung in einer Hochsprache durchgeführt. Als geeignete Sprachen sind hier PASCAL /37/ und C/38/ aufgrund der verfügbaren Übersetzerprogramme (Compiler) für unterschiedliche Mikroprozessorfamilien zu betrachten. PASCAL wurde aufgrund der für die Realisierung zur Verfügung stehenden Entwicklungshilfsmittel gewählt.

Die gerätetechnische Grundlage für die Realisierung bildet eine Konfiguration nach **Bild 2.3a** auf Basis des MPST-Busses /7/. Für die Assembler-Lösung wird eine Mikrorechnerkarte mit dem Mikroprozessor Intel 8086 und zusätzlichem Arithmetikprozessor Intel 8087 mit einer Taktfrequenz von 8MHz eingesetzt. Die Hochsprachen-Realisierung ist auf einer Karte mit den Prozessoren National Semiconductor 32016 und 32081 (Arithmetikprozessor) implementiert. Die Taktfrequenz dieser Karte beträgt 6 MHz.

7.1 Konfigurierung des Funktionsblocks

Dieses Kapitel befaßt sich zunächst mit den Möglichkeiten der funktionalen Anpassung (Konfigurierung) eines Funktionsblockes Geometriedatenverarbeitung. Dabei ist zwischen der rechnerunterstützten Auswahl der Funktionen aus einer Bibliothek bei der Erstellung eines Funktionsblocks und den Möglichkeiten der Funktionsanpassung auf dem Mikrorechnersystem über die Parameter des Maschinendatensatzes zu unterscheiden.

7.1.1 Funktionsauswahl

Aufgrund der bisher definierten Strukturen und Schnittstellen kann ein Funktionsblock aus entsprechenden Teil- oder Einzelfunktionen zusammengesetzt werden. Dies kann rechnerunterstützt erfolgen, wenn die Teil- und Einzelfunktionen in einer Datei abgelegt und über einen Dialog mit dem Steuerungskonfigurierer abgefragt werden können. /30,31/ beschreibt ein sogenanntes Generiersystem für Steuerungssoftware. Aufgrund der im Dialog festgelegten Steuerungsarten und Achsen werden die entsprechenden Softwaremodule über eine automatisch erstellte Binderanweisung einer Datei entnommen und zusammengefügt. Der Generiervorgang soll an dieser Stelle nicht näher beschrieben werden, wesentlich ist hier die Möglichkeit, die Funktionen eines Funktionsblocks Geometriedatenverarbeitung rechnergestützt durch Kombination vorhandener Softwaremodule festlegen zu können.

7.1.2 Funktionsanpassung

Die Parameter des Maschinendatensatzes einer numerischen Steuerung beeinflussen zum überwiegenden Teil das Verhalten der einzelnen Achsen /20/. Daraus kann eine Strukturierung der Parameter in achsorientiere Gruppen abgeleitet werden, die der Einteilung in Beauftragbare Funktionen entgegenkommt. Muß in diesen Parametergruppen nicht zwischen Strecken- , Bahn- und Mitschleppachsen unterschieden werden, so stellt dies eine geeignete Unterteilung dar, die die Funktionsauswahl unterstützt.

Bei den Realisierungen hat sich gezeigt, daß eine weitere Unterteilung der Parameter einer Achse in drei Gruppen Vorteile aufweist. Es wird unterschieden in Parameter zur Anpassung der Funktionsprogramme, zur Anpassung an die gerätetechnische Umgebung und zur Zuordnung der jeweiligen Achse zu Steuerungsarten.

Die Korrekturwerte für eine Spindelsteigungsfehlerkompensation können zunächst auch als achsbezogen angesehen werden und damit entweder der ersten oder zweiten Parametergruppe zugeordnet sein. Nachdem aber pro Achse mehrere hundert Korrekturwerte erforderlich sein können, auf der anderen Seite aber nicht alle Achsen eines Funktionsblockes zu korrigieren sind, ist es hier vorteilhaft, dem Funktionsblock eine gewisse Menge an Parametern für Korrekturwerte zur Verfügung zu stellen, auf die die einzelnen Achsen mittels eines Zeigers greifen können. Damit ergeben sich insgesamt drei achsbezogene Parametergruppen für jede Achse, deren Bedeutung in den Tabellen 7.1 bis 7.3 angegeben ist, sowie eine funktionsblockbezogene Gruppe für Korrekturwerte.

Anzahl Byte	Bedeutung
4	Maximal zulässiger Vorschub
2	Maximal zulässiger Vorschub-Override
2	Achsbeschleunigung 1.Stufe
2	Achsbeschleunigung 2.Stufe
4	Umschaltvorschub 1./2.Stufe und umgekehrt
4	Vorschub für Eilgang
4	Vorschub zum Anfahren des Referenznockens
4	Vorschub zum Anfahren des Referenzpunkts
2	Richtung bei Referenzpunktfahrt
2	Nummer für Reihenfolge bei Referenzpunkt- fahrt (Bahnachsen)
4	Nullpunktverschiebung am Referenzpunkt
2	Gewichtungsfaktor für Geschwindigkeitssollwert
2	Mindestwert für Schleppabstandsüberwachung
2	1.Gewichtungsfaktor für dyn. Schleppabstandsüberw.
2	2.Gewichtungsfaktor für dyn. Schleppabstandsüberw.
2	Regelfenster
4	Wegauflösung des Meßsystems
4	Software-Endschalter pos. Verfahrrichtung
4	Software-Endschalter neg. Verfahrrichtung
4	Rücksetzwert für Modulo-Zählung (Rundachse)
2	Wert der Losekompensation
2	Art der Losekompensation
2	Wert der Driftkompensation
2	Wegraster für Spindelsteigungsfehlerkompensation
2	Zeiger für Spindelsteigungsfehlerkompensation

Tabelle 7.1: Achsbezogene Parameter zur Anpassung der Funktionsprogramme

Anzahl Byte	Bedeutung
4	Adresse zur Ausgabe des Geschwindigkeits-sollwertes
4	Adresse zum Einlesen der Meßsystemimpulse
2	Vorzeichenumkehr der Meßsystemimpulse
2	Vorzeichenumkehr der Achse
4	Adresse des Referenzimpulses
2	Maske für Referenzimpuls
2	Signalpegel für Referenzimpuls
2	Maske für Referenznocken
2	Signalpegel für Referenznocken
2	Maske für Endschalter pos. Verfahrrichtung
2	Signalpegel für Endschalter pos. Verfahrrichtung
2	Maske für Endschalter neg. Verfahrrichtung
2	Signalpegel für Endschalter neg. Verfahrrichtung
2	Maske für Anzeige Achsbewegung
2	Signalpegel für Anzeige Achsbewegung
2	Maske für Anzeige Achsbewegung positiv
2	Signalpegel für Anzeige Achsbewegung positiv
2	Maske für Anzeige Achsbewegung negativ
2	Signalpegel für Anzeige Achsbewegung negativ
2	Maske für Anzeige Achsposition erreicht
2	Signalpegel für Anzeige Achsposition erreicht
2	Maske für Anzeige Endposition erreicht
2	Signalpegel für Anzeige Endposition erreicht
2	Maske für Anzeige Wartezustand Synchronisation
2	Signalpegel für Anzeige Wartezust. Synchronisation
2	Maske für Anzeige Wartezust. Einzelsatz/Progr.Halt
2	Signalpegel für Anzeige Wartezustand Einzel-satz/Progr.Halt

Tabelle 7.2: Achsbezogene Parameter zur Anpassung an die
gerätetechnische Umgebung

Anzahl Byte	Bedeutung
2	Nummer der Achse im Funktionsblock
2	Nummer der zugeordneten Beauftragbaren Funktion
2	Kennung bei Bahnachsen für X-,Y-,Z-Achse oder Mitschleppachse

Tabelle 7.3: Achsbezogene Parameter zur Zuordnung der Achse zu Steuerungsarten

7.2 Kenngrößen des Funktionsblocks

Neben den Funktionen ist das zeitliche Verhalten zur Beurteilung eines Funktionsblocks Geometriedatenverarbeitung wesentlich. Beim Einsatz der beiden angegebenen Realisierungen an einer dreiachsigen Fräsmachine (Bahnachsen) mit Rundtisch (Streckenachse) wurden die wichtigsten Zeitangaben ermittelt und in Tabelle 7.4 zusammengestellt. Dabei wird eine Ausführung der Steuerungsarten ohne Korrekturfunktionen zugrunde gelegt. Ein Vergleich von Assembler-Lösung und Hochsprachen-Lösung ist aufgrund des sich in Einzelheiten unterscheidenden Funktionsumfangs, der unterschiedlichen gerätetechnischen Voraussetzungen und des Einflusses der verwendeten Übersetzerprogramme nur sehr eingeschränkt aus Tabelle 7.4 abzuleiten. Jedoch kann die Feststellung getroffen werden, daß auch beim Einsatz einer Hochsprache für die Realisierung eines konfigurierbaren Funktionsblocks Geometriedatenverarbeitung sich Kenngrößen einstellen, die den gestellten zeitlichen Anforderungen genügen.

Funktion	Minimale Abtastzeit	
	Assembler Intel 8086/8087, 8 MHz	Hochsprache National Semi- conductor 32016/32081, 6 MHz
a) Lageregelung (eine Achse)	0,3 ms	0,6 ms
b) Beauftragbare Funktion Streckenachse	1,6 ms	2,9 ms
c) Beauftragbare Funktion Bahnachsen mit - Geradeninterpolation in 3 Achsen - Kreisinterpolation in 2 Achsen, zuzüglich einer Mitschleppachse	3,4 ms	5,3 ms
d) je eine Beauftragbare Funktion nach b) und c)	4,4 ms	6,9 ms
e) kürzeste NC-Satz-Folgezeit (2 Lageregeltakte) bei einer Funktion nach c)	6,8 ms	10,6 ms

Tabelle 7.4: Kenngrößen der genannten Realisierungen

8 Zusammenfassung

Ein Funktionsblock Geometriedatenverarbeitung im Baukastensystem eröffnet der NC neue Anwendungsgebiete. Seine zugeschnittene Funktionalität läßt sich auf einfache, kostengünstige Weise erreichen - konfigurieren - aus vorhandenen und speziell entwickelten Softwaremodulen.

Die vorliegende Abhandlung zeigt die Struktur eines solchen Funktionsblocks auf. Für die Bahnerzeugung werden geeignete Algorithmen ausgewählt. Der Einsatz leistungsfähiger Mikroprozessoren mit einer Datenbreite von 16 oder 32 bit und zusätzlichen Arithmetikprozessoren gestattet die Anwendung der direkten Funktionsberechnung bei der Kreisinterpolation. Damit ergibt sich gegenüber bisherigen Verfahren die Möglichkeit zur Schnittstellenvereinheitlichung und Funktionszusammenlegung in den unterschiedlichen Steuerungsarten. Interne Schnittstellen des Funktionsblocks und Schnittstellen nach außen werden abgeleitet und definiert. Die Möglichkeiten einer Konfigurierung über die Auswahl von erforderlichen Softwaremodulen und die Angabe von Parametern werden aufgezeigt.

Derzeit marktgängige Steuerungen sind eingeschränkt in Bezug auf die Zahl und die Art der zu steuernden Achsen. Der vorgestellte Funktionsblock Geometriedatenverarbeitung öffnet diese noch bestehenden Grenzen. Er wird deshalb Bestandteil insbesondere von künftigen Sondersteuerungen sein. Erste Realisierungen bestätigen diese Aussage.

Schrifttum

/1/ Heilig, L. u.a.   Entwicklung eines modularen CNC-
                            Systems aus Standardbaugruppen.
                            ZwF 77 (1982) Nr.1, S.20...23.

/2/ Storr, A.,   Software als Produktkomponente für
     Frank, H.,   flexible Fertigungseinrichtungen.
     Walker, B.   wt-Z.ind.Fertig. 76 (1986) Nr. 5,
                            S. 313...318.

/3/ N.N.   Numerische Steuerungen.
                            wt-Z.ind.Fertig. 72 (1982) Nr. 5,
                            Sonderteil, S. 105...113.

/4/   DIN 44300 (Entwurf)
                            Informationsverarbeitung, Begriffe.
                            Berlin, Köln: Beuth-Vertrieb, 1982.

/5/   DIN 66025
                            Programmaufbau für numerisch ge-
                            steuerte Arbeitsmaschinen.
                            Berlin, Köln: Beuth-Vertrieb, 1983.

/6/ Hammerstingl, K.:   Planungsfehler gehen ins Geld.
                            Markt & Technik (1985) Nr. 12,
                            S. 84...88.

/7/   DIN 66264
                            Mehrprozessorsteuersystem für Arbeits-
                            maschinen (MPST).
                            Teil 1: Parallelbus
                            Teil 2: Regeln zum Informationsaus-
                                    tausch (Entwurf)
                            Berlin, Köln: Beuth-Vertrieb, 1985.

/8/ Stute, G. u.a.:   Verteilte Steuerungseinrichtungen
                      für Fertigungssysteme (MPST-Mehr-
                      prozessor-Steuersystem).
                      KfK-PDV 192. Karlsruhe: Kernfor-
                      schungszentrum, 1980.

/9/ Klemm, P.:   Strukturierung von flexiblen Be-
                      diensystemen für numerische Steue-
                      rungen.
                      ISW 49. Berlin, Heidelberg, New
                      York, Tokyo: Springer-Verlag, 1984.
                      Dissertation Universität Stuttgart.

/10/ Weck, M.,   Das MPST-Softwaregeneriersystem -
     Kiratli, G.:   ein Hilfsmittel zur kostengünstigen
                      Softwareerstellung.
                      Essen: Girardet-Verlag, HGF-Kurzbe-
                      richte (Lose-Blatt-Sammlung), Blatt 84,
                      1984.

/11/ Pritschow, G.,   Erweiterung der Diagnosefunktionen
     Frank, H.,   einer numerischen Steuerung.
     Möller, H.:   wt-Z.ind.Fertig. 75 (1985) Nr. 9,
                      S. 583...586.

/12/ Stute, G.,   Regelung an Werkzeugmaschinen.
     Spur, G.,   München, Wien: Carl Hanser-Verlag,
     Weck, M.:   1981.

/13/ Binder, D.:   Untersuchungen zur Interpolation in
                      numerischen Steuerungen.
                      ISW 24. Berlin, Heidelberg, New
                      York, Tokyo: Springer-Verlag, 1979.
                      Dissertation Universität Stuttgart.

/14/ Gerlich, R.:   Schnelles Interpolationsverfahren
                        für rechnergestützte Werkzeugma-
                        schinensteuerung.
                        Elektronik (1980) Nr.19, S. 71...78.

/15/ Herold, H.-H.,   Die numerische Steuerung in der Fer-
     Maßberg, W.,   tigungstechnik.
     Stute, G.:   Düsseldorf: VDI-Verlag, 1971.

/16/ Plasch, D.:   Geometriedatenverarbeitung in einem
                        Mehrprozessor-Steuersystem (MPST).
                        Essen: Girardet-Verlag, HGF-Kurzberichte
                        (Lose-Blatt-Sammlung), Blatt 78/84, 1978.

/17/ Stof, P.:   Untersuchungen über die Reduzierung
                        dynamischer Bahnabweichungen bei
                        numerisch gesteuerten Werkzeugmaschinen.
                        ISW 20. Berlin, Heidelberg, New
                        York, Tokyo: Springer-Verlag, 1978.
                        Dissertation Universität Stuttgart.

/18/ Isermann, R.:   Methoden zur Fehlererkennung für
                        die Überwachung technischer Prozesse.
                        Regelungstechn. Praxis 22 (1980)
                        Nr.9, S.321...325.

/19/ Klingler, O.,   Steuerung von Koordinatenmeßgeräten
     Wagner, E.:   beim Abtasten von Meßobjekten mit
                        messenden Tastsystemen.
                        wt-Z.ind.Fertig. 74 (1984) Nr. 12,
                        S. 739...742.

/20/   Sinumerik System 3
                        Maschinendaten.
                        Druckschrift der Siemens AG, 1984.

- 123 -

/21/ Götz, F.R.,   CNC für Textilmaschinen.
     Maile, G.,   wt-Z.ind.Fertig. 75 (1985) Nr. 11,
     Gaukler, J.,   S. 636...668.
     Häberle, G.,
     Walker, B.:

/22/   SINUMERIK 810M.
                     Firmenkatalog NC22 der Siemens AG,
                     1984.

/23/   Bosch CC 300M.
                     Die flexible CNC-Steuerung für die
                     flexible Fertigung.
                     Druckschrift der Robert Bosch GmbH.

/24/   Heidenhain TNC 155A/TNC 155P.
                     Druckschrift der Dr. Johannes Heidenhain
                     AG, 1985.

/25/ Wolf, S.:   Neuer Ansatz zur industriellen
                     Software-Entwicklung.
                     Siemens data report 19 (1984)
                     Nr. 6, S. 16...19.

/26/ Balzert, H.:   Die Entwicklung von Software-Systemen.
                     Mannheim, Wien, Zürich: B.I.-Wissenschafts-
                     verlag, 1982.

/27/ Platz, G.:   Methoden der Softwareentwicklung.
                     München, Wien: Carl Hanser-Verlag, 1985.

/28/ Pieper, F.:   Einführung in die Programmierung paralleler
                     Prozesse.
                     München, Wien: Carl Hanser-Verlag, 1977.

29/ Plasch, D.:   Numerische Steuersysteme-Standar-
                        disierte Softwareschnittstellen in Mehr-
                        prozessor-Steuersystemen.
                        ISW 46. Berlin, Heidelberg, New York,
                        Tokyo: Springer Verlag, 1983.
                        Dissertation Universität Stuttgart.

30/ Holtz, K.,   Generator für Funktionssoftware von
    Walker, B.:   numerischen Steuerungen.
                        Essen: Girardet-Verlag, HGF-Kurzberichte
                        (Lose-Blatt-Sammlung), Blatt 84/28, 1984.

31/ Weck, M. u.a.:   Das MPST-Softwaregeneriersystem
                        KfK-PFT 92, Karlsruhe: Kernforschungszentrum,
                        1985.

32/ Wagner, E.:   Eine CNC stellt hohe Anforderungen.
                        Markt & Technik (1985) Nr. 38,
                        S. 108...110.

33/ Hölzler, E.,   Der Zustandsgraph in der µC-Programmierung
    Meyenburg, U.:   Elektronik (1981) Nr.3, S. 55...61.

34/ Renn, W.:   Struktur und Aufbau prozeßnaher Steuergeräte
                        zur Verkettung in flexiblen Fertigungssystemen
                        ISW 58. Berlin, Heidelberg, New York,
                        Tokyo: Springer-Verlag, 1986.
                        Dissertation Universität Stuttgart.

35/ Keppeler, M.:   Führungsgrößenerzeugung für numerische
                        bahngesteuerte Industrieroboter.
                        ISW 53. Berlin, Heidelberg, New York,
                        Tokyo: Springer-Verlag, 1984.
                        Dissertation Universität Stuttgart.

- 125 -

/36/   VDI 3422
                        Numerisch gesteuerte Arbeitsmaschinen:
                        Nahtstelle zwischen der numerischen
                        Steuerung (NC) und der Anpaßsteuerung.
                        Berlin, Köln: Beuth-Vertrieb, 1972.

/37/   Funktionsblock PC 81
                        Speicherprogrammierbare Steuerung.
                        Druckschrift der Brown, Boveri & Cie
                        AG, Mannheim, 1985.

/38/ Herschel, R.,   Systematische Darstellung von PASCAL und
     Pieper, F.:   CONCURRENT PASCAL für den Anwender.
                        München, Wien: Verlag R. Oldenbourg,
                        1979.

/39/ Kernighan, B.,   Programmieren in C.
     Ritchie, O.:   München, Wien: Carl Hanser-Verlag,
                        1983.

ISW Forschung und Praxis

Berichte aus dem Institut für Steuerungstechnik der Werkzeugmaschinen und Fertigungseinrichtungen der Universität Stuttgart

Herausgegeben bis Band 57 von Prof. Dr.-Ing. G. Stute †
ab Band 58 Prof. Dr.-Ing. G. Pritschow

ISW 1: D. Schmid, Numerische Bahnsteuerung, 89 S., 1972

ISW 2: H. Schwegler, Fräsbearbeitung gekrümmter Flächen, 111 S., 1972

ISW 3: J. Eisinger, Numerisch gesteuerte Mehrachsenfräsmaschinen, 90 S., 1972

ISW 4: R. Nann, Rechnersteuerung von Fertigungseinrichtungen, 125 S., 1972

ISW 5: G. Augsten, Zweiachsige Nachformeinrichtungen, 140 S., 1972

ISW 6: B. Karl, Die Automatisierung der Fertigungsvorbereitung durch NC-Programmierung, 121 S., 1972

ISW 7: H. Eitel, NC-Programmiersystem, 117 S., 1973

ISW 8: E. Knorr, Numerische Bahnsteuerung zur Erzeugung von Raumkurven auf rotationssymmetrischen Körpern, 131 S., 1973

ISW 9: S. Bumiller, Viskohydraulischer Vorschubantrieb, 123 S., 1974

ISW 10: K. Maier, Grenzregelung an Werkzeugmaschinen, 139 S., 1974

ISW 11: J. Waelkens, NC-Programmierung, 159 S., 1974

ISW 12: E. Bauer, Rechnerdirektsteuerung von Fertigungseinrichtungen, 138 S., 1975

WS 13: H. König, Entwurf und Strukturtheorie von Steuerungen für Fertigungseinrichtungen, 206 S., 1976

ISW 14: H. Damsohn, Fünfachsiges NC-Fräsen, 143 S., 1976

ISW 15: H. Jetter, Programmierbare Steuerungen, 141 S., 1976

ISW 16: H. Henning, Fünfachsiges NC-Fräsen gekrümmter Flächen, 179 S., 1976

ISW 17: K. Boelke, Analyse und Beurteilung von Lagesteuerungen für numerisch gesteuerte Werkzeugmaschinen, 106 S., 1977

ISW 18: F.-R. Götz, Regelsystem mit Modellrückkopplung für variable Streckenverstärkung, 116 S., 1977

ISW 19: H. Tränkle, Auswirkungen der Fehler in den Positionen der Maschinenachsen beim fünfachsigen Fräsen, 103 S., 1977

ISW 20: P. Stof, Untersuchungen über die Reduzierung dynamischer Bahnabweichungen bei numerisch gesteuerten Werkzeugmaschinen, 118 S., 1978

ISW 21: R. Wilhelm, Planung und Auslegung des Materialflusses flexibler Fertigungssysteme, 158 S., 1978

ISW 22: N. Kappen, Entwicklung und Einsatz einer direkten digitalen Grenzregelung für eine Fräsmaschine mit CNC, 123 S., 1979

ISW 23: H. G. Klug, Integration automatisierter technischer Betriebsbereiche, 124 S., 19

ISW 24: D. Binder, Interpolation in numerischen Bahnsteuerungen, 132 S., 1979

ISW 25: O. Klingler, Steuerung spanender Werkzeugmaschinen mit Hilfe von Grenzregeleinrichtungen (ACC), 124 S., 1979

26: L. Schenke, Auslegung einer technologisch-geometrischen Grenzregelung für die Fräsbearbeitung, 113 S., 1979

27: H. Wörn, Numerische Steuersysteme-Aufbau und Schnittstellen eines Mehrprozessorsteuersystems, 141 S., 1979

28: P. B. Osofisan, Verbesserung des Datenflusses beim fünfachsigen NC-Fräsen, 104 S., 1979

29: J. Berner, Verknüpfung fertigungstechnischer NC-Programmiersysteme, 101 S., 1979

30: K.-H. Böbel, Rechnerunterstütze Auslegung von Vorschubantrieben, 113 S., 1979

31: W. Dreher, NC-gerechte Beschreibung von Werkstücken in fertigungstechnisch orientierten Programmiersystemen, 105 S., 1980

32: R. Schurr, Rechnerunterstützte Projektierung hydrostatischer Anlagen, 115 S., 198

33: W. Sielaff, Fünfachsiges NC-Umfangsfräsen verwundener Regelflächen. Beitrag zur Technologie und Teileprogrammierung, 97 S., 1981

34: J. Hesselbach, Digitale Lageregelung an numerisch gesteuerten Fertigungseinrichtungen, 111 S., 1981

35: P. Fischer, Rechnerunterstützte Erstellung von Schaltplänen am Beispiel der automatischen Hydraulikplanzeichnung, 111 S., 1981

36: U. Ackermann, Rechnerunterstützte Auswahl elektrischer Antriebe für spanende Werkzeugmaschinen, 118 S., 1981

37: W. Döttling, Flexible Fertigungssysteme – Steuerung und Überwachung des Fertigungsablaufs, 105 S., 1981

38: J. Firnau, Flexible Fertigungssysteme – Entwicklung und Erprobung eines zentralen Steuersystems, 112 S., 1982

39: A. Herrscher, Flexible Fertigungssysteme – Entwurf und Realisierung prozeßnaher Steuerungsfunktionen, 103 S., 1982

40: U. Spieth, Numerische Steuersysteme – Hardwareaufbau und Ablaufsteuerung eines Mehrprozessorsteuersystems, 115 S., 1982.

41: A. Schimmele, Rechnerunterstützter Entwurf von Funktionssteuerungen für Fertigungseinrichtungen, 106 S., 1982

42: M. Sanzenbacher, NC-gerechte Beschreibung von Werkstücken mit gekrümmten Flächen, 105 S., 1982.

43: W. Walter, Interaktive NC-Programmierung von Werkstücken mit gekrümmten Flächen, 112 S., 1982.

44: J. Huan, Bahnregelung zur Bahnerzeugung an numerisch gesteuerten Werkzeugmaschinen, 95 S., 1982.

45: H. Erne, Taktile Sensorführung für Handhabungseinrichtungen – Systematik und Auslegung der Steuerungen, 111 S., 1982.

46: D. Plasch, Numerische Steuersysteme – Standardisierte Softwareschnittstellen in Mehrprozessor-Steuersystemen, 112 S., 1983

47: Z. L. Wang, NC-Programmierung – Maschinennaher Einsatz von fertigungstechnisch orientierten Programmiersystemen, 103 S., 1983

48: J. Schwager, Diagnose steuerungsexterner Fehler an Fertigungseinrichtungen, 121 S., 1983

W 49:   P. Klemm, Strukturierung von flexiblen Bediensystemen für numerische Steuerungen, 113 S., 1984

W 50:   W. Runge, Simulation des dynamischen Verhaltens elektrohydraulischer Schaltungen – Einsatz von geräteorientierten, universellen Simulationsbausteinen, 132 S., 1984

W 51:   H. Steinhilber, Planung und Realisierung von Werkzeugversorgungssystemen für die NC-Bearbeitung, 126 S., 1984

W 52:   R. Ohnheiser, Integrierte Erstellung numerischer Steuerdaten für flexible Fertigungssysteme, 115 S., 1984

W 53:   M. Keppeler, Führungsgrößenerzeugung für numerisch bahngesteuerte Industrieroboter, 125 S., 1984

W 54:   P. Kohler, Automatisiertes Messen mit NC-Werkzeugmaschinen, 129 S., 1985

W 55:   K.-H. Rieger, Rechnerunterstützte Projektierung der Hardware und Software von speicherprogrammierten Steuerungen, 123 S., 1985

W 56:   G. Vogt, Digitale Regelung von Asynchronmotoren für numerisch gesteuerte Fertigungseinrichtungen, 126 S., 1985

W 57:   S. Chmielnicki, Flexible Fertigungssysteme – Simulation der Prozesse als Hilfsmittel zur Planung und zum Test von Steuerprogrammen, 120 S., 1985

W 58:   W. Renn, Struktur und Aufbau prozeßnaher Steuergeräte zur Verkettung in flexiblen Fertigungssystemen, 137 S., 1986

W 59:   K. Harig, Quantisierung im Lageregelkreis numerisch gesteuerter Fertigungseinrichtungen, 113 S., 1986

W 60:   H. Frank, Programmier- und Überwachungsfunktionen für teileartbezogene NC-Werkzeugmaschinen, 115 S., 1986

W 61:   H. Möller, Integrierte Überwachungs- und Diagnose-Systeme für numerische Steuerungen, 131 S., 1986

W 62:   H. Fink, Einsatz speicherprogrammierbarer Steuerungen in der Fertigungstechnik, 126 S., 1986

W 63:   J. Fleckenstein, Zustandsgraphen für SPS – Grafikunterstützte Programmierung steuerungsunabhängige Darstellung, 139 S., 1987

W 64:   E. Wagner, Steuerung von Koordinatenmeßgeräten mit schaltenden und messenden Tastsystemen, 133 S., 1987

W 65:   W. Grimm, Diagnosesystem für steuerungsperiphere Fehler an Fertigungseinrichtungen, 143 S., 1987

W 66:   W. Swoboda, Digitale Lageregelung für Maschinen mit schwach gedämpften schwingungsfähigen Bewegungsachsen, 141 S., 1987

W 67:   G. Gruhler, Sensorgeführte Programmierung bahngesteuerter Industrieroboter, 119 S., 1987

ISW 68: B. Walker, Konfigurierbarer Funktionsblock Geometriedatenverarbeitung für numerische Steuerungen, 125 S., 1987

Die Bände ISW 1 bis ISW 48 sind vergriffen.

Springer-Verlag
Berlin Heidelberg NewYork Tokyo